河北省科普专项

项目编号：21552801K

生物多肽科普视频

解读生物多肽中的健康密码

郑晓冰　姜艳军　曹翠瑶　王立晖　著

天津大学出版社
TIANJIN UNIVERSITY PRESS

图书在版编目（CIP）数据

解读生物多肽中的健康密码 / 郑晓冰等著. -- 天津:
天津大学出版社, 2023.6
（科普小站）
ISBN 978-7-5618-7505-6

Ⅰ.①解… Ⅱ.①郑… Ⅲ.①肽－关系－健康－普及
读物 Ⅳ.①Q516-49②R151.2-49

中国国家版本馆CIP数据核字(2023)第109638号

JIEDU SHENGWU DUOTAI ZHONG DE JIANKANG MIMA

出版发行	天津大学出版社	
地　　址	天津市卫津路92号天津大学内（邮编：300072）	
电　　话	发行部：022-27403647	
网　　址	www.tjupress.com.cn	
印　　刷	廊坊市瑞德印刷有限公司	
经　　销	全国各地新华书店	
开　　本	710mm×1010mm　1/16	
印　　张	11	
字　　数	215千	
版　　次	2023年6月第1版	
印　　次	2023年6月第1次	
定　　价	48.00元	

目录

附录 / 161

第一章　多肽概述

多肽（如图 1-1 所示）是人体蛋白质功能的结构单位，是生命活动的必需活性物质，其广泛分布于人体各个组织和器官中，并调节各项生理功能。人体缺乏必要的多肽，就会令免疫系统和其他功能系统发生紊乱，甚至会引发各种慢性病。

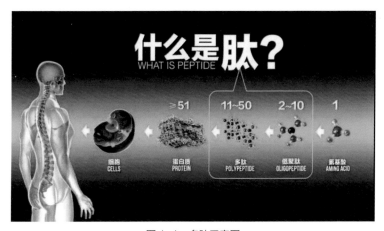

图 1-1　多肽示意图

第一节　多肽的概念及性质

一、多肽的概念及分类

（一）氨基酸和蛋白质

多肽与氨基酸和蛋白质是密不可分的，在了解什么是肽以前，我们先了解一下什么是氨基酸、蛋白质。

1. 氨基酸

氨基酸（amino acid），是含有氨基和羧基的一类有机化合物的统称，是生物功能大分子蛋白质的基本组成单位，是构成动物营养所需蛋白质的基本物质。

生物体内的各种蛋白质是由 22 种基本氨基酸构成的。除甘氨酸外均为 L-α-氨基酸（其中脯氨酸是一种 L-α-亚氨基酸），其结构通式如图 1-2 所示（R 基为可变基团）。

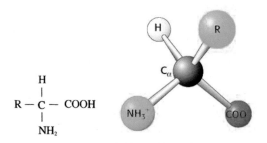

图 1-2　氨基酸的结构通式

除甘氨酸外，其他蛋白质氨基酸的 α-碳原子均为不对称碳原子（即与 α-碳原子键合的四个取代基各不相同），因此氨基酸可以有立体异构体，即不同的构型（D-型与 L-型）。

从营养学的角度，可以将氨基酸分为必需氨基酸和非必需氨基酸。必需氨基酸是指人体（或其他脊椎动物）自身不能合成或合成速度不能满足人体需要，必须从食物中摄取的氨基酸。它是人体（或其他脊椎动物）必不可少，而机体内又不能合成的，必须从食物中补充的氨基酸。对成人来讲，必需氨基酸共有八种：赖氨酸、色氨酸、苯丙氨酸、蛋氨酸（甲硫氨酸）、苏氨酸、异亮氨酸、亮氨酸、缬氨酸。如果饮食中经常缺少上述氨基酸，可能会影响健康。

非必需氨基酸的种类较多，包括丙氨酸、精氨酸、天冬氨酸、胱氨酸、脯氨酸、酪氨酸等。"非必需"并非人体不需要这些氨基酸，而是人体可以通过自身合成或从其他氨基酸转化来得到它们，不一定非从食物中摄取不可。有些非必需氨基酸的摄入量，还会影响必需氨基酸的需要量。例如，当膳食中半胱氨酸和酪氨酸充裕时，可分别减少对蛋氨酸和苯丙氨酸的需要。因此，半胱氨酸和酪氨酸又被称为半必需氨基酸或条件必需氨基酸。人体的必需氨基酸与非必需氨基酸见表 1-1。

表 1-1　人体的必需氨基酸与非必需氨基酸

必需氨基酸	非必需氨基酸
缬氨酸、亮氨酸、异亮氨酸、赖氨酸、蛋氨酸、苏氨酸、苯丙氨酸、色氨酸	精氨酸、甘氨酸、丝氨酸、组氨酸、天冬氨酸、丙氨酸、酪氨酸、脯氨酸、羟氨酸、半胱氨酸、谷氨酸、胱氨酸

2. 蛋白质

蛋白质是由 α-氨基酸按一定顺序结合形成一条多肽链，再由一条或一条以上的多肽链按照其特定方式结合而成的高分子化合物。蛋白质是构成人体组织器官的支架和主要物质，在人体生命活动中起着重要作用，可以说没有蛋白质就没有生命活动的存在。饮食中蛋白质主要存在于瘦肉、蛋类及豆类中。

蛋白质分子上氨基酸的序列和形成的立体结构构成了蛋白质结构的多样性。蛋白质具有一级、二级、三级、四级结构，如图 1-3 所示，蛋白质分子的结构决定了它的功能。

一级结构（primary structure）：氨基酸残基在蛋白质肽链中的排列顺序称为蛋白质的一级结构，每种蛋白质都有唯一而确切的氨基酸序列。

二级结构（secondary structure）：蛋白质分子中肽链并非直链状，而是按一定的规律卷曲（如 α-螺旋结构）或折叠（如 β-折叠结构）形成特定的空间结构，这是蛋白质的二级结构。蛋白质的二级结构主要依靠肽链中氨基酸残亚氨基（—NH—）

上的氢原子和羧基上的氧原子之间形成的氢键而实现。

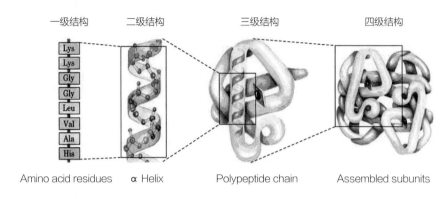

图 1-3　蛋白质的四级结构

三级结构（tertiary structure）：在二级结构的基础上，肽链还按照一定的空间结构进一步形成更复杂的三级结构。肌红蛋白、血红蛋白等正是因为这种结构才能使表面的空穴恰好容纳一个血红素分子。

四级结构（quaternary structure）：具有三级结构的多肽链按一定空间排列方式结合在一起形成的聚集体结构称为蛋白质的四级结构。如血红蛋白由 4 个具有三级结构的多肽链构成，其中两个是 α-链，另两个是 β-链，其四级结构近似椭球形状。

（二）多肽的概念

多肽也简称肽（peptide）（如图 1-4 所示），是 α-氨基酸以肽键连接在一起而形成的化合物，它也是蛋白质水解的中间产物。

一般肽中含有的氨基酸的数目为 2~9，根据肽中氨基酸的数量的不同，肽有多种不同的名称：由 2 个氨基酸分子脱水缩合而成的化合物叫作二肽，同理类推还有三肽、四肽、五肽等，一直到九肽。通常由 10~100 个氨基酸分子脱水缩合而成的化合物叫多肽，它们的相对分子质量低于 10 000 Da（Dalton，道尔顿），能透过半透膜，不被三氯乙酸及硫酸铵所沉淀。也有文献把由 2~10 个氨基酸组成的肽称为寡肽（小分子肽），由 11~50 个氨基酸组成的肽称为多肽，由 50 个以上的氨基酸组成的肽称为蛋白质。换言之，蛋白质有时也被称为多肽。

图 1-4 生物多肽

（三）多肽的分类

多肽分为生物活性多肽和人工合成多肽两种。

生物活性多肽是蛋白质中 22 个天然氨基酸以不同组成和排列方式构成的从二肽到复杂的线性、环形结构的不同肽类的总称，是源于蛋白质的多功能化合物。生物活性多肽具有多种人体代谢和生理调节功能，易消化吸收，有促进免疫、激素调节、抗菌、抗病毒、降血压、降血脂等作用，食用安全性极高，是当前国际食品界最热门的研究课题和极具发展前景的功能因子。

人工合成多肽是以氨基酸为原料，用化学方法合成的多肽或蛋白质。合成其目的是：①研究天然多肽或蛋白质的结构；②生产天然的、在生物体内含量极微但有医疗或其他生物效用的多肽；③改变部分结构，研究其结构与功能的关系，并设计更有效的药物。

二、多肽的来源及理化性质

（一）多肽的来源

多肽大体上有以下几种来源（图 1-5）。

图1-5　多肽来源丰富

乳肽：主要由动物乳中的酪蛋白与乳清蛋白酶解制得，比原蛋白更易溶解于水和被人体消化吸收，且耐酸、耐热、渗透压低，是活性肽中需求量最大、应用最广的保健食品素材。

大豆肽：由大豆蛋白酶解制得。具有低抗原性、抑制胆固醇、促进脂质代谢及发酵等特点和功能。用于食品能快速补充蛋白质源，消除疲劳以及作为双歧杆菌增殖因子。

玉米肽：由玉米蛋白酶解制得。具有抗疲劳，改善肝、肾、肠胃疾病患者营养的功能，并可促进酒精代谢，用作醒酒食品。

豌豆肽：酶解豌豆蛋白制得。口味温和，价廉，可用于婴儿配方乳粉。

卵白肽：酶解卵蛋白制得。具有易消化吸收、低抗原性、耐热等特点，可用于流动食品、营养食品或糕点中。

畜产肽：由牲畜肌肉、内脏、血液中的蛋白经酶解制得，如脱脂牛肉酶解制得牛肉肽，其含较多支链氨基酸和肉毒碱，是低热量蛋白质补充剂；新鲜猪肝经酶解、脱色、脱臭、超滤精制得肝肽，可用作促铁吸收剂，用于婴儿食品、饮料、糕点等中；猪血经酶解制得血球蛋白肽，可用于各类食品中。

水产肽：各种鱼肉蛋白酶解制得的肽，如沙丁鱼肽，是血管紧张素转换酶抑制肽，不含苦味，可用于防治高血压的保健食品或制剂中。

丝蛋白肽：蚕茧丝蛋白经酶解制得的低肽，具有促进酒精代谢、降低胆固醇、预防痴呆等多种功能，可用于醒酒食品和特种保健食品。

复合肽：动植物、水产、畜产等多种蛋白质混合物经酶解制得的复合肽，具有改善脂质代谢的功能，可用于各类保健食品中。

（二）多肽的理化性质

1. 多肽的物理性质

与氨基酸相似，肽类物质也具有两性和等电点。利用多肽的等电点，可以进行肽类物质的分离。

黏度与溶解度：当天然蛋白水溶液浓度超过 13%时就会形成凝胶，不利于蛋白溶液的制备；而多肽即使在 50%的高浓度下和在较宽的 pH 值范围内仍能保持溶解状态，同时还具有较强的吸湿性和保湿性，这使原本无法实现的高蛋白饮料和高蛋白果冻的生产成为可能。

渗透压：当一种液体的渗透压比体液高时，易使人体周边组织细胞中的水分向胃肠移动而出现腹泻。多肽溶液的渗透压比氨基酸溶液要低，因此可以克服因氨基酸溶液渗透压高而导致的问题。

对食品质构的调节作用：多肽具有抑制蛋白质形成凝胶的性能，可利用此性质来调整食品的质构。如水产、肉、禽蛋白在加热时因形成凝胶而变硬，适量加入大豆多肽，能起到软化的作用。

2. 多肽的化学性质

肽类物质基本的化学性质和氨基酸基本的化学性质相同，都是由其特征性官能团决定的，如与茚三酮的反应、与邻苯二甲醛的反应、与荧光胺的反应等。但肽和蛋白质可以发生双缩脲反应，而氨基酸则不能。

第二节　多肽的研究及应用

一、多肽的研究历程

从肽的发现到后来的逐步发展和产业化（图1-6），已经有一百多年的历史，其研究发展的大致脉络如下。

1902年，伦敦医学院的两位生理学家贝利斯（Bayliss）和斯塔林（Starling）在动物胃肠里发现了胰泌素。这是人类第一次发现多肽物质，他们也因此被授予诺贝尔生理学或医学奖。

图1-6　多肽的应用已引起广泛关注

1952年，美国生物化学家斯坦利·科恩（Stanley Cohen）在将肉瘤植入小鼠胚胎的实验中，发现小鼠交感神经纤维生长加快、神经节明显增大。1960年，这种现象被证明是一种多肽物质在起作用的结果，此多肽物质被称为神经生长因子（NGF）。

20世纪60年代，梅里菲尔德（Merrifield）首次提出多肽固相合成法（简称SPPS），并因此于1984年荣获诺贝尔化学奖。

1965年，我国科学家成功合成结晶牛胰岛素，这是世界上第一次人工合成多肽类生物活性物质，此胰岛素就是51肽。

20 世纪 70 年代，神经肽的研究进入高峰，脑啡肽及阿片肽相继被发现，人类开始了对多肽影响胚胎发育的研究。

1975 年，休伊斯（Hughes）和科斯特里兹（Kosterlitz）从人和其他动物的神经组织中，分离出了内源性肽，开拓了"细胞生长调节因子"这一生物制药新领域。

1986 年，诺贝尔生理学或医学奖同时授予发现"生长因子"的美国生物化学家斯坦利·科恩（Stanley Cohen）和意大利女生物学家丽塔·列维·蒙塔尔奇尼（Rita Levi-Montalcini）。

1987 年，美国批准了第一个基因药物——人胰岛素。

20 世纪 90 年代，人类基因组计划启动。随着一个个基因被解密，多肽研究及其应用出现空前繁荣的局面。基因表达的生命现象都是由蛋白质呈现的，于是科学家把眼光放在生物工程的另一个庞大的计划上，那就是蛋白质工程，而蛋白质工程从某种意义上说就是多肽研究。

1996 年，中国制药企业三九集团旗下的武汉九生堂生物工程有限公司用生物酶降解全卵蛋白，人工合成世界上第一个小分子活性多肽，即"酶法多肽"，并实现了工业化和产业化。《人民日报》海外版报道了这一消息，震惊了世界。发明人邹远东获得联合国"和平使者"称号及中国发明创业奖。

2005 年，瑞典皇家科学院宣布，将 2004 年诺贝尔化学奖授予以色列科学家阿龙·切哈诺沃（Aaron Ciechanover）、阿夫拉姆·赫什科（Avram Hershko）和美国科学家欧文·罗斯（Irwin Rose），以表彰他们发现了泛素调节的蛋白质降解。

蛋白质是构成包括人类在内的一切生物的基础，科学家在这个领域的研究成果，代表了 21 世纪的高端科技水准。

二、多肽在医药领域的应用

（一）治疗用多肽

自然界中存在着大量的生物活性多肽，其在生理过程中发挥着非常重要的作用，涉及分子识别、信号转导、细胞分化及个体发育等诸多领域。这些活性多肽可以开发为药物、疫苗等应用于临床。

近十年来，国外对生物活性多肽进行了大量的基础和应用研究，并将一系列多肽药物推向市场，获得了巨大的经济及社会效益（图 1-7）。

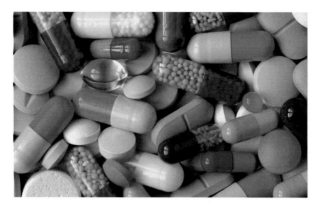

图 1-7　多肽在药物领域应用广泛

1. 内源性多肽

随着人类基因组计划的完成，蛋白质组学及其他组学研究的广泛开展，人类对自身的认识越来越深入，对于体内多肽、蛋白质功能的了解越来越透彻。存在于体内的信号分子有相当数量是肽和蛋白质，许多疾病的发生、发展均与这些物质的失衡有关。因此，源于生物体本身的蛋白质、多肽类药物日益受到重视，它们被称为内源性活性多肽或蛋白质。生物活性多肽在体内含量极少而生理效应极强，分布广泛，因而为多种药物研发提供了天然先导化合物。

2. 外源性多肽

生物活性多肽的另一重要来源是外源性多肽，尤其是源于动物的多肽类毒素和抗生素，如蜂毒、蛇毒、蛙毒、蝎毒及芋螺毒素等。其生理效应强，作用广泛，在药物研发中已引起极大关注，特别是在镇痛、抗炎、抗肿瘤及治疗神经系统疾病领域，不乏已经开发为药物的先例。目前主要是从生物多肽库（噬菌体、细菌、酵母以及哺乳细胞表面多肽库）内筛选生物活性多肽。

3. 合成多肽

内源性和外源性生物活性多肽为多肽药物研发提供了巨大的天然活性多肽库，尽管它们可以直接开发为药物，但由于其固有的特性，往往需要经过化学修饰，赋予其适合药物开发的特性，才能开发为有价值的药物。以内源性或外源性生物活性多肽为先导的多肽药物研发是新药研发的捷径之一，给多肽药物提供了更广阔的发展空间。20 世纪 80 年代末至 90 年代出现的生物（基因）合成多肽库和化学合成多肽库，为多肽药物领域以及制药工业带来革命性进展。其于 1998 年被美国科学家评为进展最快的十个领域之一。

4. 多肽药物的优点

多肽药物多数源于内源性多肽或其他天然多肽，其结构清楚，作用机制明确。与一般有机小分子药物相比，多肽药物具有活性高、用药剂量小、毒副作用低、无代谢异化等突出特点；与蛋白质类药物相比，较小的多肽免疫原性相对较小，可化学合成，产品纯度高，质量可控。另外，多肽药物可运用多种手段进行化学修饰，例如对多肽药物本身的分子结构进行改造，以改变其理化性质和药代动力学性质（易酶解、半衰期短、口服生物利用度低等）。而化学修饰是多肽药物的重要研究内容。科研人员可以根据多肽药物的这些特点，进行结构设计和化学修饰，充分发挥其优点，克服或避免其缺点，针对相应的适应证，达到研发的预期目标。

5. 多肽药物的不足

1）多肽药物的结构限制

多肽药物的化学结构决定其活性，影响活性的结构因素主要包括氨基酸及其排序、末端基团、肽链和二硫键位置等。此外，药物的空间结构即二维、三维结构也同样影响其生物活性。另外，多肽的相对分子质量较大，颗粒大小为 1~100 nm，因此不能透过半透膜，这也是其药用的限制因素之一。

2）多肽药物的稳定性限制

多肽药物在体内外环境可能因受到多种复杂的化学降解和物理变化而失活，如凝聚、沉淀、消旋化、水解及脱酰胺基等。多肽药物还会受到生物利用度的限制：多肽及蛋白质药物半衰期短、清除率高、胞膜转运能力差、易被体内酶和细菌及体液破坏等。而且多肽药物的非注射给药生物利用度低，一般仅为百分之几。

（二）诊断用多肽

目前，用多肽抗原装配的抗体检测试剂包括肝炎病毒、艾滋病病毒、人巨细胞病毒、风疹病毒、梅毒螺旋体、囊虫、锥虫、莱姆病及类风湿等检测试剂。使用的多肽抗原大部分是从相应致病体的天然蛋白内分析筛选获得的，有些是从多肽库内筛选的全新小肽。同时可制备标记多肽用作造影剂，进行影像性检查和诊断。

（三）多肽作为药物载体及前体药物的应用

多肽在体内表现出载体作用，可将目的药物吸附、粘贴、装载于载体上。而且多肽是一种生物活性物质，毒性作用较小，具有良好的生物相容性，可制成各种载体材料控制药物释放。因此，近年来将多肽作为药物载体、利用多肽对药物载体进行修饰及将多肽用于前体药物等领域逐渐引起人们的关注，具有良好的应用前景，也拓宽了多肽在医药领域的应用范围（图1-8）。

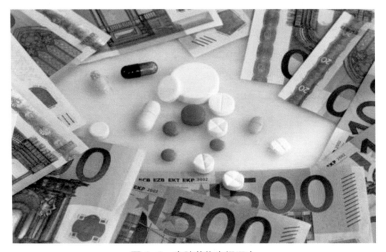

图 1-8　多肽药物市场巨大

1. 受体导向的多肽靶向药物载体

小片段多肽具有低毒性、靶向性、无免疫原性、良好的生物相容性等特点。研究已发现，肿瘤细胞表面会高表达多肽类受体，因此一些短肽可作为导向物，以配体－受体特异性结合的方式应用于靶向药物递送系统。短肽在各种受体介导的靶向药物递送系统中的作用得到越来越深入的研究。

1）蛙皮素（bombesin，BN）/胃泌素释放多肽（gastric releasing peptide，GRP）受体介导的靶向药物递送系统

Keller 等应用 RT-PCR 技术及放射配基综合实验对 3 种肾癌细胞株（A498、ACHN 及 786-0）进行了分析，结果表明这些细胞株的细胞膜上都有 BN/GRP 受体 的 表 达。将 一 种 蛙 皮 素 Gln-Trp-Ala-Val-Gly-His-Leu-I/J（CH$_2$—NH）-Leu-NH$_2$（RC-3094）作为配体，与吡咯啉阿霉素（2-pyrrolinodoxorubicin，P-DOX，AN-201）制成蛙皮素复合物（AN-215），研究发现 AN-215 与肾癌细

胞膜上的 GRP 受体的亲和力较高；与游离的 AN-201 比较，其抑瘤效果更显著，A498、ACHN 及 786-0 肿瘤体积和重量分别减少了 64.9%、74.9%、59.2% 和 60.7%、67.6%、65.4%；而游离的 AN-201 对肾癌细胞增殖基本没有抑制效果。

Nagy 等将羧基末端 BN-（6-14）或 BN-（7-14）五肽序列的蛙皮素与阿霉素（doxorubicin，DOX）或 AN-201 制成蛙皮素复合物，其结构共同点是在 13 位和 14 位之间存在一个缺失的肽键（CH_2—NH 或 CH_2—N），与五肽序列 BN/GRP 受体的亲和力高。体外实验证明，二者对表达 BN/GRP 受体的胰腺癌细胞、肺癌细胞、前列腺癌细胞和胃癌细胞具有相似的抑瘤效果。

2）生长抑素（somatostatin，SRIF）受体（SSTs）介导的靶向药物递送系统

结直肠癌的治疗通常面临抑癌基因 p53 的变异，这种变异严重阻碍了治疗的进展。Szepeshazi 等研究发现结直肠癌细胞膜上高表达 SSTs。将 SRIF 类似物 RC-121 与 AN-201 连接，形成靶向 SRIF 复合物（AN-238），能将药物 AN-201 定向转运到肿瘤细胞，使肿瘤细胞内药物的浓度得到显著提高。

3）十肽 $SynB_3$ 受体介导的靶向药物递送系统

近年来，Castex 等研究了许多小分子多肽类载体及其应用，例如十肽 $SynB_3$ 可通过受体、介导药物（包括抗肿瘤药物）在脑部的吸收，将 $SynB_3$ 与 AN-201 通过丁二酸即共价连接形成复合物 P-DOX-$SynB_3$。该复合物能显著增加 AN-201 的脑部吸收，同时减少 DOX 的心脏毒副作用。

4）黄体酮释放激素（luteinizing hormone releasing hormone，LHRH）受体介导的靶向药物递送系统

Buchholz 等把 LHRH 作为靶向配体，连接 DOX 或 AN-201 形成复合物（AN-207）。对乳腺癌细胞的体外实验结果表明，LHRH 可作为多肽配体，将药物靶向转运到各种表达 LHRH 受体的肿瘤细胞，如乳腺癌细胞、卵巢癌细胞、子宫内膜癌细胞及前列腺癌细胞等，从而更好地发挥抗癌作用，显著抑制肿瘤细胞增殖。对 3 种卵巢癌细胞株 UCI-107、OV-1063 和 ES-2 以不同方式给药的体内实验结果显示，靶向蛙皮素的复合物（AN-215）、靶向生长抑素的复合物（AN238）和靶向黄体酮释放激素的复合物（AN-207）单独给药均对卵巢癌细胞有显著抑制作用，而不会诱导耐药基因表达。

5）其他多肽介导的靶向药物递送系统

Pan 等证明包含 RGD（Arg-Gly-Asp）序列的寡肽（K）$_{16}$GRGDSPC 是一种易合成的、高效无毒的载体，可把外源性基因靶向转入小鼠的骨髓基质细胞

（BMSCs）内。

Szynol 等筛选出一个源于富组蛋白的含有 14 个氨基酸的小分子多肽（dhvar5），其具有高度疏水的 N 末端及带阳离子的 C 末端，因此具有两亲性。利用重组技术将合成的 dhvar5 与一种重链抗体 VHH 进行重组形成免疫交联物 VHH-dhvar5，并在 VHH 和 dhvar5 之间插入 Xa 因子切割位点，可增加活性物质的释放。

2. 穿膜肽作为药物载体的应用

近年来一些具有生物膜穿透作用的多肽，即穿膜肽（cell-penetrating peptides，CPPs）相继被发现。研究表明，这些多肽具有水溶性和低裂解性，并可通过非吞噬作用进入细胞，甚至细胞核，可以将大于本身 100 倍的分子运入细胞内，而且对宿主细胞几乎没有毒性作用。

迄今为止，已发现穿膜肽可介导蛋白质、多肽、寡聚核苷酸、DNA、质粒及脂质体等一系列生物大分子进入各种不同的组织和细胞，发挥各自的生物活性。天然穿膜肽的发现始于 1988 年 Green 等证实 HIV-1 反式激活蛋白 Tat 能跨膜进入细胞质和细胞核内；1997 年，Vives 等发现 HIV-Tat 中一个富含碱性氨基酸、带正电荷的多肽片段与蛋白转导功能密切相关，称之为蛋白转导域（protein transduction domain，PTD）。

研究较多的天然穿膜肽有三种，分别来自 HIV-1、SIV 的 Tat、果蝇同源异型转录因子 Antp 和单纯疱疹病毒 1 型（HSV-1）VP22 转录因子。此外，四川大学研究发现人鼠同源的 CLOCK 蛋白的 DNA 结合序列也是一种穿膜肽，称为钟蛋白穿膜肽，该穿膜肽已申请国家专利。另外，在人周期蛋白（human period-1）、信号转导蛋白 Syn-BI、纤维母细胞生长因子 FGF-4、HIV 融合蛋白 gp41、朊病毒、外毒素 A、γ 分泌酶等其他蛋白质中也已发现具有穿膜效应的多肽序列。这表明穿膜肽可能广泛存在于自然界中。

在对天然穿膜肽的研究中，人们逐渐发现了一些与穿膜活性有关的结构特点，从而利用这些特点设计合成了一些穿膜多肽，进一步促进了穿膜肽的研究和发展。天然穿膜肽均为带正电荷的长短不等的多肽片段，其中富含 Arg 和 Lys 等碱性氨基酸残基。利用这一特性，现已人工合成了多聚 Arg 和多聚 Lys，也具有穿膜能力；而且 9 个 Arg 和 9 个 Lys 残基构成的序列比 Tat 蛋白转导域的蛋白转导活性更强。圆二色谱分析发现，众多天然穿膜多肽均具有 α-螺旋结构，目前已在这一理论基础上设计出具有更加规则 α-螺旋的穿膜肽，体内外试验证实，改良的穿膜肽穿透力更强、效率更高。

3. 聚多肽共聚物自组装的药物载体作用

由氨基酸及其衍生物聚合形成的聚多肽，因其独特的结构和性能，近年来在分子链构象研究、蛋白质结构模拟和生物医学等领域受到了关注。其中两亲性聚多肽共聚物的自组装行为的研究为开发具有生物安全性、可控释、可降解的新型药物载体创造了条件。有关两亲性聚多肽共聚物，特别是接枝共聚物的自组装行为和载药性能的研究报道目前尚不多，许多影响因素也未作研究。

4. 多肽在药物载体修饰剂方面的应用

除直接用作药物载体外，多肽也可用于对其他常用药物载体，如脂质体、PEG等进行修饰。

Maria 等将包含 RGD 三肽序列的多肽连接到脂质体的磷脂基团，同时对所制备的脂质体多肽进行纯化与分析。制备的 RGD 脂质体具有良好的靶向性。

Maeda 等分离出 Ala-Pro-Arg-Pro-Gly（APRPG）多肽，能特异性结合于肿瘤新生血管。应用 APRPG 修饰的脂质体几乎可以主动靶向到所有的实体瘤。

5. 多肽在前体药物方面的应用

阿霉素具有广泛的抗肿瘤作用，但是由于缺乏靶向性，其毒性比较大。Diatos-SA 公司研发的 DTS-201，将阿霉素与小肽结合制成前体药物。实验表明，该前体药物可被两种肿瘤特异性多肽酶分解，在肿瘤部位释放出阿霉素，从而提高阿霉素的靶向性，降低其毒副作用，而该前体药物本身没有药理活性。临床前研究已证明其疗效优于阿霉素，I 期临床试验所用剂量达到阿霉素的 3.75 倍仍具有良好的耐受性。

（四）多肽芯片（polypeptide chip）的应用

多肽芯片是生物芯片的一种，它采用光导原位合成或微量点样等方法，将大量多肽分子有序地固化于支持物（如玻片、硅片、聚丙烯酰胺凝胶及尼龙膜等）表面，组成密集的二维分子排列，可利用分子间的特异性相互作用，对待测物质进行快速、并行、高效的检测分析，用于药物的高通量筛选及蛋白质鉴定等。将待分析的蛋白质与相互之间的构造存在细微差别的多个多肽相结合后，可通过蛋白质与多肽的结合模式来鉴定蛋白质。如果能够获知与特定的蛋白质特异结合的多肽，则可将其用于候选药物的设计。生物芯片应用领域如图 1-9 所示。

图 1-9　生物芯片已应用于很多领域

　　一般而言，制造 α-螺旋和 β-折叠等多肽立体结构需要特定的氨基酸序列。目前已合成了具有立体结构的多肽。每次只需把多肽中氨基酸的种类稍加改变，就可合成出 100 多种具有相同立体结构而内部序列有微妙差异的多肽。一枚芯片上固定多肽的数量大约为 3 000 个。多肽与蛋白质不同，可以将其作为化合物处理，所以将多肽固定在基板上比较容易，而且其立体结构也比较稳定。

三、多肽在其他行业的应用

（一）多肽在食品行业的应用

　　多肽在食品行业主要用于功能食品和食品添加剂。20 世纪 60 年代，从牛乳中提取的酪蛋白磷酸肽作为促进钙吸收的功能多肽开始在幼儿食品中应用。目前酪蛋白磷酸肽作为食品添加剂已在全世界 80 多个国家得到应用。

　　1997 年，日本森永乳业将乳清中分离的乳蛋白多肽添加到婴儿奶粉中，用于调节婴幼儿对牛奶的超敏反应。目前已有 8 种含乳蛋白多肽的产品上市。此外，森永乳业还开发了营养多肽 W-8、脂蛋白多肽 C-2500 及用以发泡和乳化的乳化多肽 C-80。

　　多肽抗生素乳酸链球菌素对革兰氏阳性菌具有广泛抑制作用，对人体基本无毒，也不会与医药抗生素产生交叉耐药，已被作为食品防腐剂，用于阻止乳制品腐败。生物多肽功能食品如图 1-10 所示。

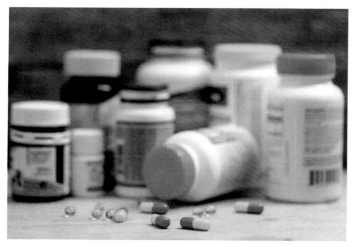

图 1-10　生物多肽功能食品

阿斯巴甜是由 Phe 与 Asp 组成的二肽非糖甜味剂，其甜度为蔗糖的 200 倍，可供糖尿病患者等忌糖者食用，且热量低，可用于减肥保健品。目前二肽甜味素已被 70 多个国家批准用于食品。此外，Lys 二肽已被证明是有效的阿斯巴甜替代品，其不呈现酯的性质，因而在食品加工和储存过程中更加稳定。

除作为甜味素外，一些其他多肽也可作为食品感官肽，如苦味肽、酸味肽、咸味肽、风味肽、抗氧化肽及表面活性肽等。风味肽可作为加工食品的风味和香味的前体，起到增强食品风味的作用。表面活性肽则可作为食品稳定剂和乳化剂。食品感官多肽在我国的生产和应用刚刚起步，但市场潜力巨大，值得进一步研究与开发。

（二）多肽在化妆品行业的应用

皮肤生理学及分子生物学研究表明，低相对分子质量小肽在化妆品中具有广阔的应用前景。阿基瑞林（argireline）是由 6 个氨基酸组成的多肽，也称为类肉毒杆菌，在对 10 名健康女性进行的试验中，受试者使用阿基瑞林 30 d，皱纹深度显著降低。对其作用机理进行研究发现，其作用机制类似肉毒神经毒素，但毒性较低，高剂量下未发现口服毒性及刺激性，目前已被应用于化妆品中。两种五肽的棕榈酸衍生物也已被开发用于皮肤修复，体外研究发现棕榈酰五肽-4 可以促进胶原、弹力蛋白及氨基葡聚糖的合成，临床试验则显示，其可以修复光辐射对皮肤的损伤。

（三）多肽在农牧业的应用

1. 多肽在农业的应用

1）植物内源性多肽激素

到目前为止，被普遍认可的植物多肽激素有 4 种：系统素、SCR、CLV3 和植物磺肽素。它们分别参与植物的防御反应、花粉-柱头识别过程、茎端生长点干细胞数目维持和细胞的分裂。

（1）系统素：Pearce 等于 1991 年从被昆虫攻击的番茄叶中发现了高等植物中第一个多肽激素——系统素（systemin）。系统素是植物系统性防御反应的信号分子，能诱导受伤叶片及一定距离内的未受伤叶片产生蛋白酶抑制剂，这些蛋白酶抑制剂进入昆虫肠道后，能直接影响其消化系统功能，从而抑制昆虫对植物的进一步侵害。

（2）SCR：很多植物特别是芸薹属植物中存在自交不亲和（self-incompatibility，SI）现象，即一株植物的花粉落到自身的柱头上时不能完成授粉过程，这种防止自交的机制有利于保持物种遗传多样性。分子生物学研究表明，雌蕊中存在两个 SI 位点蛋白——SLG 和 SRK，它们均在柱头表面乳突中表达。在花药中，SI 位点编码一个只在绒毡层中表达的富含 Cys 的胞外多肽——SCR/SPI1，并将其分泌到花粉粒。当花粉粒落到柱头上时，SCR/SPI1 能够与柱头上的受体复合体 SLG/SRK 相互作用。

（3）CLV3：20 世纪 80 年代剑桥大学分离出第一组茎端生长点变大的突变体。除了生长点变化外，这些突变体的花器官数目也有不同程度增加。其心皮数目增加导致其种荚呈现棒球棍的形状，被命名为 CLV1。此后又得到了另外两个生长点变大的遗传位点，并分别命名为 CLV2 和 CLV3。CLV3 是研究较为清楚的一个调控植物发育的多肽激素。生物信息学分析发现 CLV3 中含有一个 14 个氨基酸的保守序列。到目前为止，已在拟南芥、水稻、玉米和线虫等物种中发现了至少 46 个蛋白质含有该序列。

（4）植物磺肽素：植物悬浮培养细胞存在密度效应。培养细胞稀释到一定程度后就很难再分裂，甚至在补充植物激素和营养物质之后也难以提高其有丝分裂活性。这说明悬浮培养细胞存在一种能够感受培养细胞密度的非激素因子。研究人员采用辅助培养的方法（即把低密度的靶细胞靠近高密度辅助细胞一起培养，但不直接接触），发现低密度培养细胞能够感受由高密度培养细胞释放到胞外的一种细胞分裂促进因子，即植物磺肽素（phytosulfokine，PSK）。PSK 是在植物中发现的第一个多肽类生长因子。现已证明 PSK 可以促进诸如日本柳杉体细胞胚胎发生和根、芽的形成及花粉的产生，高浓度 PSK 能够延长热胁迫幼苗的衰老、影响单个细胞生长和寿命。

以上激素在植物病虫害防治及农作物培育方面具有重要的价值。

2）多肽作为肥料增效剂的应用

聚 Asp 属于聚氨基酸的一种。相对分子质量为 3 000~5 000 Da 的聚 Asp 供给植物时（通常在根部或叶片），能增强植物对肥料的摄取，使植物更有效地利用养分，故其被称为肥料增效剂。研究显示，在相同施肥量情况下，使用聚 Asp 能增加谷物产量，在得到相同谷物产量的情况下，可使用聚 Asp 减少 1/3~1/2 的肥料用量，聚 Asp 对稻飞虱的防治有明显的增效作用，虫口减退率比单用杀虫剂处理有显著提高。

2. 多肽在畜牧业的应用

诺西肽（nosiheptide）属于含硫多肽抗生素，1961 年由法国化学家首先发现，后在比利时、美国、法国等多个国家进行动物喂养实验。实验结果表明，其具有良好的促进动物生长的作用，可以提高饲料利用率，且具有用量小、无残留、毒性小等优点。20 世纪 80 年代，其工业化生产技术获得突破后在日本上市，当年销售额达 10 亿日元。我国于 1998 年批准其作为国家三类新兽药，允许其作为药物添加剂在饲料中长期使用。

第二章　天然多肽的来源

第一节　海洋生物多肽

早在 2 000 多年前，中国人就懂得利用海洋生物来防病治病，中国可谓是世界上最早应用海洋药物的国家。历代本草均有海洋药物的记载，诸如《黄帝内经》记载以乌贼骨作为丸饮、以鲍鱼汁治血枯，《山海经》记载的海洋药物就有 27 种，《神农本草经》记载的海洋药物有 10 种，《本草纲目》记载的海洋药物近 100 种。海洋生物的生态环境比陆地生物的环境复杂得多，故海洋生物的某些特异化学结构是陆地生物所不具有的。肽与蛋白质是海洋生物中含量极其丰富的生理活性物质，这就使海洋成为生物活性肽的资源宝库。如图 2-1 所示，海洋生物是多肽的重要来源。

图 2-1　海洋生物是多肽的重要来源

海洋生物活性肽即从海洋生物蛋白质中获得的生物活性肽。目前研究的海洋生物活性肽类主要来源于海绵、海鞘、芋螺、海葵、海星、海藻、海兔和海洋鱼类等海洋生物。很多海洋肽类具有抗肿瘤、抗艾滋病、抗真菌、抗病毒以及免疫调节等生物活性。源自海洋的生物肽种类有海参多肽、鲍鱼多肽、海虾环肽、龙虾多肽、磷虾多肽、鲑鱼多肽等。从海洋植物蛋白质中获得的生物活性肽有紫菜多肽、海藻多肽、海带多肽等。

一、鱼类肽

鱼类是人们最早食用的海洋生物之一，其体内含有丰富的蛋白质成分，营养价值相当高。但从其中开发具有药用价值的活性物质的研究却较少。曾有报道从蓝鳃太阳鱼中分离并鉴定出 4 种具缓激肽活性的肽类，对鱼肠组织细胞具有强烈的刺激作用。还有研究从大西洋鳕鱼、虹鳟、欧洲鳗鲡等鱼类的嗜铬细胞组织中提取到一系列的生物活性肽及其类似物，并利用免疫组织化学方法研究其在细胞组织中的作用，发现此类肽与肾上腺素受体具有一定的亲和性，可能具有控制儿茶酚类物质释放的作用。

（一）鲨肝肽

郭昱等研究了鲨肝肽对小鼠免疫性肝损伤的保护作用及免疫调节作用，结果表明，鲨肝肽能有效抑制免疫性肝炎小鼠血清转氨酶含量的异常升高，明显减轻肝脏损伤，提示鲨肝肽可研发治疗肝炎和调节免疫的药物。吕正兵等研究了鲨肝肽对硫代乙酰胺所致小鼠急性肝损伤的保护功能，经病理切片观察和细胞分子水平的分析表明，鲨肝肽具有减少肝细胞凋亡、保护亚细胞结构和抗肝细胞坏死的作用。范秋领等也研究了鲨肝肽对硫代乙酰胺所致大鼠急性肝损伤和对肝线粒体功能的影响，结果表明，鲨肝肽能明显抑制硫代乙酰胺造成的急性肝损伤和脂质过氧化，改善因硫代乙酰胺而受损的线粒体呼吸功能。袁述等用鲨鱼肝再生因子（sHRF）给切除部分肝脏的大鼠注射给药，观察其对肝脏细胞再生的促进作用。结果发现，sHRF 在短期内对大鼠肝脏部分切除术后再生有明显的促进作用，其机制可能是 sHRF 在促进肝脏细胞再生过程中，使血清甲胎蛋白和肝细胞中一氧化氮的含量升高，从而促进肝细胞再生加速。

（二）鲨鱼多肽

鲨鱼软骨中存在一类多肽，能通过阻止肿瘤周围毛细血管生长而达到抑制肿瘤的作用，对肺癌、肝癌、乳腺癌、消化道肿瘤、子宫颈癌、骨癌等均有抑制作用。陈建鹤等用盐酸胍抽提姥鲨软骨蛋白，采用超滤和分子筛柱层析等方法分离纯化获得新生血管抑制因子 Sp8，Sp8 在体外能抑制血管内皮细胞增殖，抑制新生血管生长，在体内能抑制小鼠移植 S180 肉瘤生长。

（三）鱼精蛋白肽

李龙江等研究认为，鱼精蛋白肽可明显降低肿瘤内血管密度，具有抗肿瘤作用，其治疗效果归因于鱼精蛋白可抑制血管生成和诱导细胞凋亡。体外实验研究发现，鱼精蛋白能明显抑制鸡胚绒毛囊膜上的血管生成。给移植瘤和瘤动物皮下注射鱼精蛋白，肿瘤生长明显受到抑制。

（四）鱼类抗菌肽

目前有关鱼类抗菌肽的活性和功能研究多数在体外进行，许多抗菌肽对鱼类特异的甚至其他动物的病原微生物都具有杀伤活性。Oren 等从豹鳎体上分离到一种 33 个氨基酸残基的抗菌肽并命名为 pardaxin。此肽具有比蜂毒素更强的抗菌活性和比人红细胞更低的溶血活性，其作用可与其他天然的抗菌肽如蛙皮素等相媲美。Jorge 等从彩虹鲑鱼的皮肤分泌物中分离提取到一种新的抗菌肽 Oncorhyncin Ⅱ，指出这种抗菌肽的前 17 个氨基酸残基与来自彩虹鲑鱼组蛋白 H1 的 138~154 个残基相同，并测得其相对分子质量为 7 195.3 Da。从而指出这种 Oncorhyncin Ⅱ 抗菌肽是组蛋白 H1 的 C 末端 69 残基的片段。随后 Jorge 等又从彩虹鲑鱼的血细胞中分离得到具有抗菌特性的活性片段，研究得出这种活性片段对热敏感且能被蛋白酶所消化，从而推断这一活性片段为一种类似蛋白质的具有抗菌性的天然成分。

（五）鱼类抗高血压肽

Suesuna 和 Osajima 最先报道了沙丁鱼和带鱼的水解物中含有血管紧张素转化酶（ACE）抑制肽，其相对分子质量为 1 000~2 000 Da。Matsufuji 利用碱性蛋白酶水解沙丁鱼获得 11 种 ACE 抑制肽，为 2~4 肽。Ukeda 研究发现沙丁鱼的胃蛋白酶水解物可产生最强的 ACE 抑制成分，对沙丁鱼在蛋白酶水解之前进行热处理，所产生的肽具有更强的抑制活性；从其水解物中分离出的 3 种 ACE 抑制肽，在体外的 ACE 抑制活性较强。Hee-Guk 等通过对阿拉斯加青鳕鱼鱼皮水解,从其水解物中分离出相对分子质量为 900~1 900 Da 的肽片段,它具有 ACE 抑制因子的活性。吴建平报道,日本已对各种鱼蛋白进行了研究,如沙丁鱼肽具有 ACE 阻碍作用,实验表明来自沙丁鱼筋肉相对分子质量为 1 000~2 000 Da 的肽有降血压作用。Fujital 报道了鲣鱼的嗜热菌蛋白酶消化液表现出最强的 ACE 抑制活性。

(六)其他鱼类活性肽

鱼类中的鳗鱼、鳕鱼、沙丁鱼、金枪鱼的肌肉中含 15%~22% 的蛋白质,是其他动物蛋白所不能比拟的。鱼肉中还含对人类代谢非常重要的谷胱甘肽,其在许多重要的生物学现象中起着直接或间接的作用。

二、藻类肽

海藻种类繁多,其中含有的生物活性物质也多种多样(图 2-2)。从培养的蓝藻中分离出一种具有鱼毒性、抗菌、杀伤细胞活性的生物活性肽,已具备大规模生产能力。Hormothamnion 是从海藻中提取的毒素肽,具有溶细胞、细胞毒和神经毒等活性,其作用机制主要是影响脑垂体细胞静止期的钙离子通道、提高电压敏感性钙离子通道的释放,促进脑内激素如催乳素的分泌。

图 2-2　藻类可用于提取多肽

三、贝类肽

如图 2-3 所示，海洋贝类也是多肽的重要来源。

图2-3 海洋贝类也是多肽的重要来源

（一）扇贝多肽

扇贝多肽（polypeptide from Chlamys farreri，PCF）是近年来从栉孔扇贝中提取的一种具有生物活性的小分子水溶性八肽，其成分包括脯氨酸、天冬酰胺、苏氨酸、羟基赖氨酸、丝氨酸、半胱氨酸、精氨酸和甘氨酸，其相对分子质量为800~1 000 Da。阎春玲等探讨了 PCF 对小鼠胸腺淋巴细胞辐射损伤的保护作用及机制，结果表明，PCF 对紫外线辐射损伤的小鼠胸腺淋巴细胞具有一定的保护作用。其作用机制与 PCF 能清除氧自由基、提高抗氧化酶活性及保护细胞膜组织结构有关。杜卫等利用 RP-HPLC 从栉孔扇贝中分离得到 4 个相对分子质量为 800~1 000 Da 的小分子多肽（PCF），并对其进行了药理活性测试。采用地塞米松与脾脏和胸腺淋巴细胞共培养，地塞米松会显著降低脾脏和胸腺淋巴细胞的活性，而扇贝多肽不仅能显著减轻其对免疫细胞的抑制作用，同时还可以促进免疫细胞活性。这说明扇贝多肽能减轻地塞米松引起的淋巴细胞抑制。此外，车勇良等发现 PCF 对受双氧水氧化损伤的小鼠胸腺细胞凋亡有抑制作用，并能促进细胞增殖，且作用优于维生素 C。刘晓萍等研究表明，PCF 具有抗紫外线氧化损伤的作用，在一定剂量范围内可减轻或抑制紫外线对胸腺细胞和脾细胞的氧化损伤；在正常条件下可显著增强免疫细胞的活性，并可拮抗雌激素对免疫细胞的抑制作用。PCF 还可抵抗辐射对胸腺细胞的损伤作用。

（二）贻贝肽

国外对贻贝药理活性的研究多集中于贻贝抗菌肽，而对它的活性研究报道不多。目前从蓝贻贝和地中海贻贝体内分离和纯化出多种抗菌肽。根据它们的一级结构可以分为 4 种，即防御素（defensin）、贻贝素（mytilin）、贻贝肽（myticin）和贻贝霉素（mytimycin），皆为小分子肽。毛文君等研究表明，贻贝肽可使移植性肿瘤生长受到抑制，小鼠的存活时间延长。肖湘等建立了 3 个活性模型，研究贻贝肽对氧自由基和脂质过氧化的作用。结果表明，其具有清除氧自由基和抑制脂质过氧化作用。可见，贻贝肽对多种氧自由基有清除作用，这对于自由基引起的疾病如炎症、辐射损伤、肿瘤，以及衰老等，有一定的意义，它作为天然药物的开发有一定的价值。

四、其他海洋生物肽

（一）海鞘多肽

海鞘属于脊索动物门。海鞘纲与尾索动物亚门的另外两个纲的物种称为被囊动物，约有 2 000 种，海鞘是被囊动物中种类最丰富、含有重要生物活性物质最多的一类。自 1980 年 Ireland 等从海鞘中发现一个具有抗肿瘤活性的环肽 Ulithiacyclamide 以来，不断有环肽在此类海洋生物中被发现。

（二）海葵多肽

海葵是另一类富含生物活性物质的海洋生物。文献报道从海洋生物海葵中提取到的活性肽可分为 3 类：（1）存在于 16 种海葵中的鞘磷脂抑制性碱性多肽，平均相对分子质量为 15 000~21 000 Da；（2）从 *Metridium senile* 属海葵中分离得到的具胆固醇抑制活性肽，其平均相对分子质量在 80 000 Da 左右；（3）从 *Aiptasia pallida* 属海葵中分离提取的、活性未知的 Aiptasiolysin A 多肽。

（三）海绵多肽

海绵是最低等的多细胞动物，结构较简单，但作为一个特殊生物群体含有极丰富的生物活性物质。富含活性多肽的海绵包括离海绵目、外射海绵目、石海绵目、软海绵目、硬海绵目。从斐济和几内亚海域离海绵目 *Jaspis* 属海绵中分离得到的环肽，实验证明其具有杀伤线虫活性和细胞毒活性作用，其结构的全合成已经完成。

（四）芋螺多肽

芋螺是海洋腹足纲软体动物，其在猎取鱼、海洋蠕虫、软体动物时常分泌一系列毒性物质，称为芋螺毒素（conotoxin）。经过近 20 年的研究已发现的芋螺毒素有近百种，主要包括 α-芋螺毒素、μ-芋螺毒素、ω-芋螺毒素、δ-芋螺毒素。它们是由 10~30 个氨基酸残基组成的小肽，富含 2 对或 3 对二硫键，是迄今发现的最小核酸编码的动物神经毒素肽，也是二硫键密度最高的小肽。其活性与蛇毒、蝎毒等动物神经毒素相似，可引起动物出现惊厥、颤抖及麻痹等症状。

（五）海星多肽

从烫灼或自主运动的海星所分泌的体液中分离纯化到一种自主刺激因子，凝胶电泳分析表明该肽的相对分子质量为 1 200 Da，HPLC 检测为单峰组分，具有刺激细胞运动并使之产生应激反应的功能。

（六）海兔多肽

从印度海兔中分离到 10 种细胞毒性环肽 Dollabilatin 1~10。其中 Dollabilatin 10 对 B16 黑色素瘤的治疗剂量仅为 1.1 μg·mL^{-1}，是目前已知活性最强的抗肿瘤化合物之一。

（七）虾类活性肽

目前报道的多数为虾类抗菌肽。Destoumieux 等从养殖的南美白对虾的血细胞和血浆中分离了几种抗菌活性因子，其中 3 种具有抗真菌和抗细菌，尤其是抗革兰氏阳性菌的活力。Destoumieux 等后来又用免疫化学方法研究南美白对虾抗菌肽合成和储存的部位，发现受细菌感染后血浆中抗菌肽浓度升高，抗菌肽的免疫反应发生在角质层，说明几丁质具有与抗菌肽结合的活性。

第二节 陆地生物多肽

陆地生物多肽首先是从陆地动物蛋白质中获得的生物活性肽，如各种动物的乳（乳中含有大量乳蛋白）中都存在多种生物活性肽，包括表皮生长因子、转化生长因子、神经生长因子、胰岛素和胰岛素样生长因子等。此外，乳蛋白中还包含潜在的生理调节因子，经过酶解作用，便可释放和激活具有一定生理活性的肽类物质，这些肽类物质包括抗菌肽、阿片活性肽、免疫促进肽、血管紧张素转化酶抑制肽、抗血栓肽和酪蛋白磷酸肽等。动物蛋白质中鸡蛋蛋白和其他鸟类卵蛋白是外源性动物蛋白肽的主要原料。这类肽具有极强的活性、多样性及重要的生物学功能，对提高免疫、抗辐射、调节胃肠道、促进睡眠、改善味觉、抗菌、抗炎、抗病毒等具有良好的功效。

一、植物肽

植物生物活性多肽主要存在于叶、种子、胚及子叶中，大多富含 Cys，且所有的 Cys 都形成分子内二硫键。植物环肽（plant cyclopeptides）一般是指高等植物中主要由氨基酸通过肽键连接形成的一类环状含氮化合物。目前发现的植物环肽主要由 2~37 个 L-构型的编码或非编码氨基酸组成。直至 1959 年，Kaufmann 和 Tobschirbel 才从亚麻科植物中分离并鉴定出 Cyclolinopeptide A 的结构。按照植物环肽结构骨架及分布的不同，可将其分为两大类和 8 个类型，如图 2-4 所示。

大豆、玉米、花生等农作物，不但是主要植物油原料，也是重要的植物蛋白源。大豆是最大的植物蛋白源之一，各种大豆蛋白已广泛应用于食品工业，在保障人类蛋白营养方面发挥着重要的作用。现代食品营养研究表明，大豆蛋白是一种优质的植物蛋白质，其中 8 种人体必需氨基酸的含量与人体需要比较，仅蛋氨酸略显不足，与肉、鱼、蛋、奶相近似，属全价蛋白质，且没有动物蛋白的副作用，如引发肥胖、心血管病、高胆固醇等。以大豆蛋白、玉米蛋白和花生蛋白等植物蛋白为原料，经酶水解，分离纯化，可制得蛋白质含量高，相对分子质量在 1 000 Da 以下的小肽混合物，既提高了蛋白营养价值，又具有低抗原、降血压、降血脂、增强免疫等多种生物活性。

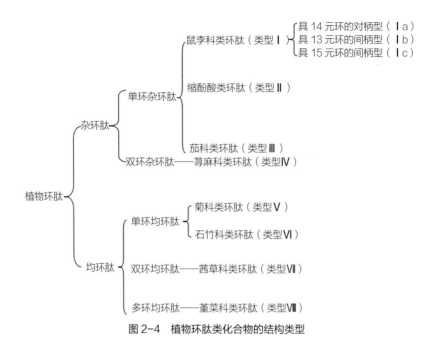

图 2-4　植物环肽类化合物的结构类型

（一）大豆肽

1. 大豆蛋白

大豆含有 35%~40% 的蛋白质（图 2-5）。大豆蛋白中有 85%~95% 是球蛋白，这些球蛋白可在 pH 为 4.5~4.8 之间沉淀，故称酸沉淀蛋白质（acid-precipitable protein）。以水溶液萃取大豆蛋白时，利用超离心方式，按沉降速率不同，可分为 2S、7S、11S 和 15S 等 4 种成分（表 2-1）。其中 7S 和 11S 两种蛋白质分别约占 37% 和 31%。低相对分子质量部分如 2S 部分主要含一些具有生物活性的蛋白质，如胰蛋白酶抑制剂（trypsin inhibitors）等。大豆蛋白具有一定的抗原性，特别是 7S 和 2S 成分抗原性最大。80% 的大豆蛋白相对分子质量在 10 万 Da 以上，结构复杂，所以大豆蛋白溶解度低。这些因素限制了大豆蛋白作为功能成分在食品，尤其是液体食品中的应用。近年来，通过化学或酶法对大豆蛋白进行改性或制成大豆肽，有效地弥补了大豆蛋白的不足，扩大了大豆蛋白资源的应用范围。

图 2-5 大豆富含蛋白质

表 2-1 大豆蛋白的组成

成分	含量（%）	相对分子质量（Da）
2S	22	8 000~21 000
7S	37	6 700~210 000
11S	31	350 000
15S	10	300 000

2. 大豆肽研究进展

国外对蛋白质水解的研究始于 100 多年前，从 1886 年开始把水解蛋白质（hy-drolyzed protein，HP）应用于食品工业，当时把酸水解 HP 作为调味剂添加到食品中。酸碱水解产物存在安全问题，故而转向酶水解方面。20 世纪 40 年代，一些西方学者进行蛋白质改性，研究如何改善蛋白质加工性能，如水溶性、乳化性、起泡性、热稳定性及风味特性等。由于受技术水平的限制，水解过程不易控制，水解物的苦味、臭味等问题未能解决等，大豆肽的研究无太大进展。大豆蛋白溶解度低，无法作为功能性配料在乳品、饮料、糖果等食品体系中加以利用；另一方面，大豆蛋白具有一定的抗原性，而且大豆蛋白的消化率远不及牛奶、鸡蛋等动物性蛋白，从而大大限制了大豆蛋白的应用范围。这些问题主要与大豆蛋白的分子组成和结构有关。大豆蛋白的 70% 左右是 7S 和 11S，80% 的大豆蛋白相对分子质量在 10 万 Da 以上；大多数分子内部结构复杂，呈反平行的 β-折叠和非有序结构，高度压缩、折叠。大豆球蛋白的 3 级结构、4 级结构高度结构化形成坚实体（特别是二硫键使其亚基牢固结合），对酸、碱及酶法水解作用具有很强的抵抗力。在除去抗营养因子等成分后，大豆蛋白的生物效价仍只有理论上的 80%。由此可见，通过酸、碱或酶法水解，降低大豆蛋白的相对分子质量，对于提高其溶解性能、改善营养价值和其他功能特性、进一步扩大其应用范围具有重要意义。另一方面，最新的研究表明，许多蛋白质水解产物是具有多种生理活性的肽类，这些肽类具有抗氧化、抗衰老、促进减肥等多种生理功效，这也促使人们以来源丰富、质优价廉的大豆蛋白为原料研究和开发活性肽。蛋白质水解的方法多种多样，包括化学法与生物法。其中化学法是利用酸碱水解蛋白，但反应剧烈，水解程度不易控制，且破坏了氨基酸原有构型，产物多为游离氨基酸，而且容易产生有毒物质，已逐渐被弃用。生物法即酶法，酶法多肽由于生产原料安全，反应条件温和，水解程度较易控制，能生产高纯度的肽，成为食物源生物活性肽产品的发展新方向。

美国在 20 世纪 70 年代初研制出大豆肽产品之后，Deldown Specialties 公司建成了年产 5 000 t 食用大豆肽的工厂。中国在 20 世纪 80 年代中后期开始研究大豆肽，中国食品发酵工业研究院、江南大学、华南理工大学和中国农业大学等相继开展了对大豆蛋白的酶法水解工艺、大豆肽的功能性质和生理活性的研究。目前，中国已成功建成了一些酶法和发酵法生产大豆肽的专业生产厂，生产技术日臻成熟。一大批以大豆肽为功能原料的保健食品、运动食品等新型功能食品陆续推向市场。

3. 大豆肽的理化性质

1）大豆肽的质量规格

大豆肽由高分子大豆蛋白经蛋白酶水解而成，再经特殊的分离提纯处理，得到高纯度蛋白水解产物，是由一定相对分子质量的多种小肽组成的混合物，产品中还含有少量的游离氨基酸、糖类和无机盐等成分，其总蛋白质含量为 85%~90%，游离氨基酸含量在 5% 左右，纯肽含量在 80% 左右。表 2-2 为大豆肽粉行业标准。

表 2-2 I 型大豆肽粉理化指标

项目	指标
总蛋白质（以干基计）（%）	≥90.0
大豆肽（以干基计）（%）	≥80.0
90% 以上的大豆肽的相对分子质量（Da）	≤10 000

续表

项目	指标
pH（10.0%水溶液）	7.0±0.5
干燥失重（%）	≤7.0
灰分（%）	≤6.5
总砷（以As计）（mg/kg）	≤0.5
铅（Pb）（mg/kg）	≤0.5
脲酶	阴性

引自：QB/T 2653—2004

2）大豆肽的氨基酸组成

从表 2-3 和表 2-4 可知，大豆肽的氨基酸组成与大豆原蛋白近似，其中几种必需氨基酸的组成与粮农组织/世界卫生组织/联合国大学（FAO/WHO/UNU）（1985年）的参考模式相比，具有很好的平衡性，只是含硫氨基酸如胱氨酸和蛋氨酸的量偏低。因此在使用大豆肽作为配料时可根据实际情况强化一定的含硫氨基酸，进一步提高大豆肽的营养价值。

表 2-3　大豆肽的氨基酸组成

氨基酸名称	含量 （g/100 g）	氨基酸名称	含量 （g/100 g）
天冬氨酸（Asp）	9.40	半胱氨酸（Cys）	0.74
谷氨酸（Glu）	15.87	缬氨酸（Val）	3.55
丝氨酸（Ser）	4.40	蛋氨酸（Met）	1.04
组氨酸（His）	1.44	苯丙氨酸（Phe）	4.35
甘氨酸（Gly）	3.38	异亮氨酸（Ile）	3.43
精氨酸（Arg）	5.02	赖氨酸（Lys）	4.32
丙氨酸（Ala）	3.39	脯氨酸（Pro）	3.49
酪氨酸（Tyr）	3.26	色氨酸（Trp）	0.08
苏氨酸（Thr）	3.19	亮氨酸（Leu）	6.08

表2-4 大豆肽的必需氨基酸（EAA）组成与FAO/WHO/UNU参考模式的比较（g/100 g）

必需氨基酸（EAA）	含量	FAO/WHO/UNU 标准（1985年）		
		婴儿	2~5岁	成人
苏氨酸（Thr）	3.19	4.3	3.4	0.9
酪氨酸（Tyr）				
苯丙氨酸（Phe）	7.61	7.2	6.3	1.9
半胱氨酸（Cys）				
蛋氨酸（Met）	1.78	4.2	2.5	1.7
缬氨酸（Val）	3.55	5.5	3.5	1.3
异亮氨酸（Ile）	3.43	4.6	2.8	1.3
亮氨酸（Leu）	6.08	9.3	6.6	1.9
赖氨酸（Lys）	4.32	6.6	5.8	1.6
组氨酸（His）	1.44	2.6	1.9	1.6
色氨酸（Trp）	0.08	1.7	1.1	0.5

3）大豆肽的功能特性

大豆蛋白的水溶性、乳化性、起泡性和热稳定性都较差，从而限制了它在食品中的应用。大豆肽是大豆蛋白经过蛋白酶水解处理得到的产物，其溶解性、乳化性、起泡性等功能特性有所改善。大豆肽相对分子质量小，氮溶指数（nitrogen solubility index，NSI）超过98%，水溶性很高，因此，它作为食品原料，具有低黏度、速溶和无沉淀等特点，可用作蛋白饮料和高蛋白果冻。在临床营养支持方面，大豆肽可用作患者流食和鼻饲营养液。

4）大豆肽的感官特性

大豆蛋白具有豆腥味，不利于大豆蛋白食品的开发。大豆蛋白经过酶解处理后，除去了与蛋白结合的风味物质和脂类化合物，使豆腥味减轻。另一方面，大豆蛋白的平均疏水性较大，酶解后会产生少量疏水性氨基酸残基的苦味肽，使产物的苦味增强，影响产品的风味。采用物理、化学及生物方法可全部或部分除去苦味肽，改善大豆肽的感官特性。

5）大豆肽的营养特性

I . 体内直接吸收特性

大豆肽，尤其是相对分子质量在1 000 Da以下的大豆低聚肽（soyo ligopeptides）具有很好的营养吸收特性。当用大豆蛋白、乳蛋白、大豆肽和同组成的氨基酸混合物做吸收试验时，结果表明大豆肽吸收最为迅速。大豆肽这样的小分子肽类能被有特殊身体条件和蛋白质吸收障碍的人群有效吸收利用，帮助其维持和改善蛋白质营养状态。表 2-5 是对大白鼠进行强制灌喂蛋白质、大豆肽和氨基酸混合物，1 h 后测定其消化道内残留量的试验结果。结果表明，大豆肽从胃至小肠的迁移率比其他两种优质蛋白和同组成的混合氨基酸都高，吸收率也较高，表明大豆肽在体内易消化、易吸收的特性。

表 2-5　对大白鼠灌喂各种蛋白源 1 h 后的吸收率

指标	大豆肽	乳清蛋白	酪蛋白	氨基酸混合物
胃至小肠的迁移率	72.6（100）	68.2（95）	66.1（92）	43.4（61）
吸收率	68.4（100）	57.5（84）	53.2（78）	38.6（56）

大豆肽尤其是大豆低聚肽相对分子质量为 200~700 Da，大多由 2~6 个氨基酸组成，具有体内直接吸收和快速吸收特性以及多种生理活性。大豆肽在营养上的功能性取决于产品的相对分子质量分布和其在体内消化道的稳定性。

Ⅱ.大豆肽的氮代谢特性

剧烈运动中肌肉蛋白质出现净降解，而运动后骨髓肌蛋白质合成代谢加强，骨髓肌的修复、重建以及功能的恢复，需要在运动后第一时间尽快补充氮源。研究表明，机体对不同的食物蛋白质具有不同的消化、吸收速度。因此，研究具有高效消化、快速吸收、在体内迅速发挥生理作用的活性蛋白质，势必对运动训练实践和运动营养研究具有重要的意义。

李世成等从补充大豆肽影响大鼠氮代谢的角度，研究小肠对短肽的吸收特点。他们用大豆肽、大豆分离蛋白和普通饲料饲喂大鼠，比较不同饲料对大鼠氮代谢的影响。

结果表明，大鼠在补充大豆肽后，通过与阴性对照（水）和阳性对照（大豆分离蛋白）的比较，发现补充大豆肽组大鼠氮平衡值最高，提示补充大豆肽后，进入机体的氮最多；补充大豆肽组大鼠氮储存率最高，提示摄入大豆肽后，机体的保氮力显著增加；补充大豆肽组大鼠氮净利用率最高，提示摄入大豆肽后，机体对氮的利用更加完全、彻底。因此，大豆肽符合优质氮源的标准。补充大豆肽组大鼠表观消化率最高，提示大豆肽进入消化道后，更易消化、吸收，为机体所利用。而且短肽的保氮力明显大于大豆分离蛋白，使得机体对氮的利用率明显增高。

Ⅲ. 大豆肽的生理活性

Ⅰ）大豆肽的抗氧化活性

早在 20 世纪 30 年代人们已经注意到大豆中含有许多具有天然抗氧化活性的物质，如异黄酮类、磷脂类、肽类和各种氨基酸。后来这些物质陆续被从大豆粉中分离出来，并证实具有一定的抗氧化活性。大豆蛋白抗氧化活性的研究主要集中在如下方面。一是非蛋白成分，大豆中含许多有强抗氧化活性的物质，而这些物质往往不是大豆蛋白本身，仅是其共存物如黄酮类、多酚类等，在大豆蛋白质的提取和加工过程中，并没有被完全除去或破坏其抗氧化活性，而残留于大豆蛋白之中，人们就采用水或有机溶剂如乙醇将其浸提出来；也可以将其保留在蛋白中，使蛋白显示抗氧化性。二是糖蛋白产物，近年来有些报道利用大豆蛋白含赖氨酸相对比较高的特性，促使赖氨酸的侧链基团 ε-NH_2 和还原糖发生非酶褐变反应（即美拉德反应），由此生成的产物具有很强的抗氧化活性，反应时工艺条件、设备均较简单，但反应时间较长，有待改进并使其工业化。另一种大豆蛋白经酸水解、碱水解和蛋白酶水解得到大豆蛋白水解物。水解的主要产物是大豆肽和游离氨基酸混合物。众所周知，许多氨基酸自身表现出抗氧化性，这类氨基酸是脯氨酸、组氨酸、色氨酸、赖氨酸、精氨酸和亮氨酸。其中有些氨基酸的衍生物，如 5-羟基色氨酸就具有很强的抗氧化能力。大豆蛋白水解物通过控制水解程度和大豆肽的相对分子质量大小，可制得具有较好抗氧化活性的大豆肽。

Ⅱ）大豆肽的调节血压作用

降血压肽指的是一类具有 ACE 抑制活性的肽类物质，这些肽类的氨基酸序列和肽链长度各有不同，但都具有类似的作用。迄今为止，已经发现鱼类蛋白、胶原蛋白、大豆蛋白、牛乳蛋白等食物蛋白源可经酶解分离出具有血管紧张素转化酶抑制剂（angiotensin converting enzyme inhibitor，ACEI）活性的肽类降血压肽。

植物蛋白和动物蛋白中均可分离出 ACE 抑制肽。牛乳蛋白经酶水解后，可产生许多不同大小、长短的短肽类物质，其中部分肽有抑制 ACE 的活性，降血压效果明显，鱼蛋白肽也具有明显的降血压效果。大豆蛋白经酶解后，也可产生类似 ACE 抑制剂的物质，其源于天然植物蛋白，安全性较高，因此前景较好。

大豆肽对于原发性高血压患者具有明显的降压作用，尤其是使收缩压出现了明显的下降，又无明显的副作用，这对于原发性高血压具有很大的改善作用。大豆肽中含有丰富的 ACE 抑制肽，它对于血压维持及其重要的 RAS 中的 ACE 进行了抑制，减少了血液中对血管具有强大收缩作用的 AngE 形成，从而降低了原发性高血压患者的血压。

Ⅲ）大豆肽提高免疫调节的作用

Furnia 等报道，大豆肽与原蛋白相比能显著增强大鼠肺泡巨噬细胞吞噬绵羊红细胞的功能，而且大豆肽的作用优于酪蛋白肽。杨小军研究发现，大豆蛋白酶解物能显著促进大鼠腹腔巨噬细胞吞噬能力，刺激外周血淋巴细胞转化，提高肠腔 slgA 水平，而且大豆蛋白酶解物的作用优于面筋蛋白酶解物。潘翠玲等也发现，大豆蛋白和酪蛋白酶解物均能不同程度地刺激 10 日龄仔猪外周血淋巴细胞的转化，且大豆蛋白酶解物的促淋巴细胞转化作用最强。

（二）玉米肽

1. 玉米肽的发展概况

玉米起源于南美洲，经欧洲、非洲传入亚洲，在我国已有 470 多年的历史。我国的玉米分布很广泛，南到海南岛，北至黑龙江，东至台湾，西至新疆，均有玉米种植。我国的玉米生产地区主要有三大区：一是北方春玉米区，播种面积约占全国的 27%，其单产也最高；二是黄淮平原春、夏玉米区，其播种面积约占全国的 40%；三是西南丘陵玉米区，播种面积约占 25%。目前，我国的玉米年产量约为 1.1 亿 t，占世界总产量的 20%，居第二位，其中近 400 万 t 用来生产淀粉。玉米淀粉的副产物称为玉米蛋白粉（corn gluten meal，CGM），因其色泽为玉米黄，又称"黄粉"。因其中所含蛋白质缺少赖氨酸、色氨酸等人体必需氨基酸，所以其生物学价值低，严重影响了其在食品工业中的应用，当今国内主要将玉米蛋白粉用于饲料工业。玉米蛋白粉国际上每吨仅 200 多美元，国内价也仅为 2 500 元左右。而利用玉米蛋白粉可提取天然食用色素、玉米醇溶蛋白和谷氨酸等，还能制备具有多种生理功能的玉米活性肽，如谷氨酰胺肽、高 F 值低聚肽、降血压肽和玉米蛋白肽等，从而大幅度提升玉米的附加值。因此研究利用玉米蛋白粉，开发其新用途，提高玉米的综合利用价值成为当前的一个重要研究课题。

玉米蛋白的各组分及相关性质如下。

1）玉米蛋白粉的成分

玉米蛋白粉是玉米经湿磨法工艺制得粗淀粉乳，再经蛋白质分离得到麸质水，然后浓缩干燥而制得的。它是玉米湿法加工淀粉时的主要副产物，含蛋白质 60% 以上，有的达 70%。玉米蛋白粉中除含有丰富的蛋白类营养物质外，尚含有其他无机盐及多种维生素。

2）玉米蛋白种类

淀粉生产时分离出来玉米蛋白粉，其中主要含玉米醇溶蛋白（zein，68%）、谷蛋白（glutenin，28%）、球蛋白（globulin，1.2%）和白蛋白（albumin）等四种蛋白。

3）玉米蛋白的营养价值

就氨基酸组成而言，玉米蛋白的 Ile、Leu、Val 和 Ala 等疏水性氨基酸和 Pro、Gln 等含量很高，Lys、Trp 必需氨基酸含量较低，为限制性氨基酸。虽然 Lys 和 Trp 含量低，但支链氨基酸和中性氨基酸含量均相当高，是植物蛋白中少见的特色组成。以往这是玉米蛋白利用的限制因素，但近年来它却变成深层次加工的依据。正是这种氨基酸的特殊构成使得玉米蛋白具有独特的生理功能，通过生物工程手段，控制一定水解度可获得具有多种生理功能的活性肽。

2. 玉米肽的开发

目前，针对玉米蛋白大多作为动物饲料的现实情况，如何充分地利用玉米蛋白资源成为许多食品科技工作者的研究课题。玉米蛋白的水溶性很差，难以消化，因此通过酶工程技术水解制备水溶性好、易吸收的活性肽可以很好地解决这一矛盾。利用玉米蛋白中氨基酸的不平衡性，可以制备出具有各种生物活性的功能肽。我国关于玉米肽的研究起步较晚，但发展很快。不过，众多研究还停留在实验室阶段，没有真正意义的玉米肽上市。因此，玉米蛋白肽的工业化生产是今后玉米蛋白深加工的一大发展方向，这将从根本上有效利用玉米蛋白资源。

1）蛋白醒酒肽

据报道，玉米蛋白经酶处理后，分离提纯出相对分子质量在 6 000 Da 左右的肽。此类肽因其含有的丙氨酸对减轻麻醉、防止酒醉有良好的效果，故称醒酒肽。它可使身体吸收乙醇的速度减慢，并能促进酒精代谢，减少其毒性，可大大降低暴饮引起的急性酒精中毒的发生率。以其为原料的饮料与目前已有市售解酒、醒酒药物不同，其属天然绿色保健食品，安全性高，必将受到消费者的欢迎。经小白鼠试验结果表明，此肽 4 g/kg 能明显降低酒精中毒小鼠的死亡率。

2）降血压肽

血管紧张素转化酶在人体血压调节过程中起重要的生理作用。一方面，它使无活性的血管紧张素Ⅰ转化为升压物质——血管紧张素Ⅱ；另一方面它能使降压物质——缓激肽分解成失活片段，从而导致血压升高。因此，通过抑制血管紧张素转化酶的活性可以起到降血压的作用。玉米醇溶蛋白中含有高比例的Ile、Leu、Val、Ala等疏水性氨基酸和Pro、Gln等，很少含Lys等人类必需氨基酸，这种不平衡的氨基酸组成使玉米醇溶蛋白成为多种生物活性肽，尤其是降血压肽的良好来源。Kim等对玉米蛋白进行脱淀粉热处理等操作后，运用6种酶复合水解制备降血压肽。

3）谷氨酰胺肽

玉米蛋白氨基酸组成显示其谷氨酰胺（Gln）含量很高。选择适当的蛋白酶作用，就可制取纯谷氨酰胺肽。谷氨酰胺肽在体内易分解成谷氨酰胺，从而补充机体的谷氨酰胺不足。谷氨酰胺在生物体代谢过程中居重要地位，它是构成蛋白质的氨基酸，又是合成含氮物质的氮源，并与生长和修补有密切关系。不同组织中谷氨酰胺具有不同的代谢功能，起着重要的生理作用。作为药物在维持肠道机能，提高机体免疫功能，改善酸碱平衡失调及提高机体对应激的适应性等方面极有应用价值。谷氨酰胺无论在健康还是疾病状态下，对维持胃肠代谢功能都具有良好的作用。缺乏谷氨酰胺可导致肠黏液降解，造成消化不良。目前，日本已有谷氨酰胺二肽作为商品出售。

4）高 F 值低聚肽

高 F 值低聚肽是玉米蛋白经蛋白酶酶解形成的一种具有高"支"低"芳"组成特征的低相对分子质量生物活性肽。F 值是支链氨基酸（BCAA：Val、Ile、Leu）的物质的量与芳香族氨基酸（AAA：Tyr、Phe）的物质的量之比，称为 Fisher Ratio，简称 F 值。大量的动物实验和临床证明，注射或口服高 F 值氨基酸混合物可使病人血液中 BCAA/AAA 值（F 值）接近3或大于3，并能有效维持血液中支链氨基酸模式，改善肝昏迷程度和精神状态；还可通过增加氮潴留来降低病人血氨浓度，甚至可使血氨浓度恢复正常水平。

高 F 值低聚肽还可用作高强度工作者及运动员的食品营养强化剂，可及时补充能量、增强体力。我国临床上使用的高 F 值制剂一般是采用纯净结晶的氨基酸按一定比例配制的，因此价格高昂。以玉米蛋白为原料制备高 F 值低聚肽，具有原料来源丰富、价格低廉、安全性好等特点，可作为天然药物和保健食品的营养剂。

5）疏水性肽

玉米蛋白属疏水性蛋白，选择合适的酶可开发出富含疏水氨基酸的肽。疏水性肽能刺激肠高血糖素分泌，降低胆固醇，促进内源性胆固醇代谢亢进。所以具有抑制胆固醇上升，降低血清胆固醇浓度的作用。疏水氨基酸还可在多种创伤中起辅助康复作用，能够补充由外伤引起的体内葡萄糖和脂肪酸的不足。

（三）花生肽

1. 花生肽的发展概况

花生是我国六大油料作物之一，我国花生年产量居世界第一。花生是三大重要的植物蛋白源。花生含有 26%~33% 的优质蛋白，与其他植物蛋白相比，它的抗营养因子很少。花生可直接生产各种食品如花生糖、花生蛋白饮料、花生酱、花生冰激凌及各种花生小食品等，用量不断增加。花生的主要用途是榨油。榨油后可产生大量的花生粕。花生粕价格低廉，具有极大的开发潜力。制约花生蛋白利用的主要因素是花生在榨提油时经高温热榨，蛋白受热变性，难以食用。近年来，国际上开展了大量花生蛋白的研究。据报道，印度大规模用花生开发蛋白营养食品添加剂。印度中央食品研究所利用花生蛋白与牛奶粕生产牛奶混合乳，其理化性能与牛奶相似，既补充了学龄前儿童的营养，又充分利用了其国内花生资源，减少脱脂奶粉的进口，而且价格便宜，仅为牛奶的三分之二，这对于发展中国家动物性蛋白缺乏且价格较贵的现实情况来说，是极好的替代产品。20 世纪 70 年代以来，人们为了更好地开发花生蛋白，对其功能特性的改善进行了研究。在研究酶解法改善花生蛋白功能特性的同时，对花生肽的研究和开发应运而生。郭兴凤等对花生肽及其抗氧化活性进行了研究。黎观红等研究了花生肽的血管紧张素抑制活性。据报道，花生肽在中国已投入工业化生产，对花生肽的功能特性和应用的研究正逐步开展。

2. 花生蛋白及其肽的营养特性

花生蛋白中含有大量的人体必需氨基酸，天冬氨酸含量比其他植物蛋白源都高，其有效利用率高达 98.4%，只是蛋氨酸和色氨酸较少。

3. 花生肽的制备

高纯度的花生肽是用制油副产物低温浸出脱溶花生粕为原料，经碱溶酸沉法，除去粕中的淀粉、纤维素和糖等成分，得到高纯度的花生蛋白，再经酶水解、分离、精制而成的。何东平等采用冷榨花生粕为原料，运用酶法水解工艺提取制备出小分子花生肽。花生肽的制备工艺如下：

冷榨花生粕→碱提→分离→酸沉→分离→花生蛋白→酶水解→分离→精制→干燥→花生肽

（四）其他植物肽

植物蛋白包括豆类蛋白和谷物蛋白，其中大豆、花生和菜籽等既是食用油料作物，又是重要的植物蛋白源。谷物如大米、玉米、小麦等主要供日常食用，还可作为淀粉工业的主要原料。除大豆蛋白及大豆肽已得到广泛开发和利用外，其他蛋白源仅以制油和淀粉工业的副产物出现，大部分用作饲料，利用率都较低。目前国内外对这类低价值的蛋白资源的开发与利用方面的研究非常重视，各种新蛋白和酶解肽不断研发问世。如从大米蛋白酶解物中提取出免疫活性肽；用小麦蛋白进行酶解，可以得到小麦肽，小麦肽同样具有抑制胆固醇上升、降血压、阿片肽样活性等功能，小麦蛋白是人们极其关注的活性肽来源之一。由于谷物蛋白大部分是淀粉工业的副产物，蛋白质含量低，目前一般用作饲料。随着蛋白提纯及酶解新工艺的不断开发，必将更有效地利用这些低廉的蛋白资源。

二、动物肽

动物蛋白是优质蛋白的重要来源，主要包括肉类蛋白、乳类蛋白和禽卵蛋白。陆地肉类蛋白主要以畜禽肉类如猪、牛、羊、鸡、鸭肉等为主，乳蛋白源主要以牛乳、羊乳为主，卵蛋白主要指鸡、鸭蛋等。迄今为止，人们已从乳蛋白的酶解物中分离出多种生物活性肽，如吗啡样活性肽、降血压肽、免疫调节肽、促进矿物质吸收的肽、抗菌肽、促细胞生长肽等。目前，已工业化生产的乳肽有乳清蛋白肽、酪蛋白磷酸肽等。谷胱甘肽（glutathione，GSH）是一种广泛存在于生物体内的生物活性肽，在生物体内具有多种重要的生理功能。生产 GSH 的方法有萃取法、化学合成法、酶法和发酵法，酵母萃取以及酵母发酵法的研究成功，使其成为一种最普遍的工业化生产方法。GSH 已广泛应用于医药、保健食品等领域中。另外，畜禽血、蚕丝等也是开发生物活性肽的潜在原料。总之，随着新的动物活性肽的开发成功，其将不断为保健食品和新药开发提供新的原料资源。

（一）胶原肽

1. 胶原与胶原蛋白

胶原是一种天然蛋白质，广泛存在于动物的皮肤、骨、软骨、牙齿、肌腱和血管中，起到支撑器官、保护机体的作用。胶原一般是白色透明、无分支的原纤维，在它的周围是由糖胺聚糖和其他蛋白质构成的基质。胶原主要存在于皮肤中，其次存在于骨髓中。胶原蛋白家族包括 19 种胶原蛋白及 10 种以上胶原样蛋白。胶原不同于胶原蛋白。胶原是指生物体组织中存在的一类蛋白质，或者指在提取胶原时，其结构没有改变的那类蛋白质。胶原蛋白是指从生物体中提取的、结构和相对分子质量都发生了变化的胶原。两者最大的区别是，胶原不溶于水，而胶原蛋白可溶于水；另一个大的区别是胶原不能被蛋白酶利用，而胶原蛋白可被蛋白酶利用。因此胶原蛋白英文为 Collagen protein，胶原用 Collagen 表示。

胶原蛋白是由三条肽链拧成的螺旋形纤维状蛋白质，是动物结缔组织中最主要的一种结构性蛋白质，在动物细胞中起到了黏结功能。结缔组织除了含 60%~70% 的水分外，胶原蛋白占 20%~30%。正是因为有了高含量的胶原蛋白，结缔组织才具有了一定的结构与机械力学性质。

胶原蛋白具有很强的生物活性及生物功能，能参与细胞的迁移、分化和增殖，使骨、肌腱、软骨和皮肤具有一定的机械强度。胶原因其弱的抗原性和良好的生物相容性，在治疗烧伤、创伤、眼角膜疾病，美容，矫形，硬组织修复，创面止血等医药卫生领域用途广泛。胶原蛋白是皮肤组织的主要成分，口感柔和、味道清淡、易于消化，也一直受到食品工业的青睐，在许多食品中被用作营养成分和功能配料。

2. 胶原肽概述

胶原蛋白的提取方法通常有酸法、碱法和酶法，以及酸、酶的结合使用，碱、酶的结合使用。酸法一般使用盐酸等强酸作用于动物皮、骨原料，根据所用酸的浓度、水解温度、水解时间等条件的不同，可以得到相对分子质量分布范围较宽的胶原蛋白及其水解物，甚至彻底水解成混合氨基酸，而且在水解过程中色氨酸全部被破坏，丝氨酸和酪氨酸部分被破坏。同样碱法水解不仅使胶原中的羟基、巯基全部破坏，且产物发生消旋作用，工业制明胶主要采用此法。胶原蛋白的酸碱提取法能耗高、时间长、污染严重，还破坏了胶原中氨基酸的组成和结构，其营养价值和生理活性也随之减少或降低，给胶原蛋白的应用带来了极大的限制。蛋白酶水解胶原方法反应条件温和，所需设备简单，减少了环境污染，根据所使用的蛋白水解酶不同，对一定的胶原蛋白中的肽链进行酶切水解，不破坏其氨基酸组成和结构，相对分子质量分布相对均匀，产品纯度高，水溶性好，理化性质稳定，保留甚至增加营养特性和生理活性。目前，市场上销售的酶解胶原蛋白，平均相对分子质量在几千道尔顿范围内，实际上是一类胶原肽。胶原肽是胶原或明胶经蛋白酶降解后的产物，相对分子质量为200~30 000 Da，是由3~22个氨基酸组成的多个多肽片段的混合物。胶原肽具有较高的消化吸收性，不具有明胶的性能，与大豆肽、乳蛋白肽相比，由于其特殊的氨基酸组成而使其无苦味。

胶原肽可以作为胶原蛋白的新陈代谢促进剂，它可以促进生物体胶原的生物合成，改善随着年龄增长而导致的生物组织衰老和功能的衰退，可以延缓皮肤的衰老，高纯度的胶原多肽还是皮肤增白、抑斑的补充剂，对老年退行性骨关节病、胃黏膜损伤和溃疡、高血压都有调节和治疗作用。

1）用于美容

胶原蛋白是皮肤组织的主要成分，随着年龄的增加，成纤维细胞的合成能力下降，若皮肤中缺乏胶原蛋白，胶原纤维就会发生交联固化，使细胞黏多糖减少，皮肤便会失去弹性和光泽，不再柔软，发生老化，同时，真皮的纤维断裂，脂肪萎缩，汗腺及皮脂腺分泌减少，使皮肤出现色斑、皱纹等一系列老化现象。

美容胶原是一种新型抗衰老材料。注射胶原不仅具有支撑填充作用，还能诱导宿主细胞向注射胶原内转移，合成宿主自身胶原及其他细胞外间质成分。早在20世纪70年代，美国就率先推出注射用牛胶原，用于除皱纹及修复瘢痕，取得了令人满意的效果。人胶原是新一代美容材料，它是从健康人体（如胎盘）中提取的胶原蛋白，经化学纯化，不含细胞及组织相容性胶原，不会诱发抗体和免疫反应，从而更为安全。近年来，英美等国采用注射性胶原来修复面部软组织的各种损伤，如痤疮痕、水痘痕及衰老引起的面部皱纹或皱褶。中国研制的胶原注射剂已广泛应用于美容界，在延缓皮肤衰老、重建受损肌肉等方面取得了良好的效果。美容胶原与人体组织的亲和性很好，有利于自身组织的再生。实验证明，当注射胶原蛋白几周后，体内成纤维细胞、脂肪细胞向注射的胶原蛋白内迁行，形成自身胶原蛋白，从而形成正常的结缔组织，使受损老化的皮肤得以填充和修复，达到延缓皮肤衰老的目的。0.1%的胶原蛋白溶液还有很强的抗辐射作用，且能形成较强的保水层保护皮肤。

由于胶原肽具有良好的渗透性，在化妆品中添加胶原蛋白肽，胶原肽可被皮肤吸收，填充在皮肤基质之间，使皱纹舒展，皮肤丰满，具有弹性。随着人的年龄增长，皮肤的结构也发生变化，老化的皮肤更容易干燥。鱼皮胶原肽是一种用深海鱼类精炼的鱼蛋白提取物，含有丰富的小分子肽，被称为"能吃的化妆品"，穆源浦等人研究了鱼皮蛋白肽对人体皮肤水分、油分的调节作用，证实鱼胶原蛋白肽具有保持皮肤水分的作用。胶原肽分子中亲水基团羧基和羟基的大量存在，使胶原蛋白肽具有良好的保水保湿性能。

近年的研究表明，胶原蛋白肽具有明显改善与老化相关的胶原合成低下的作用。经老鼠投食试验表明胶原蛋白肽具有促进胶原合成的效果，可促进皮肤胶原代谢作用（美容效果）。目前胶原蛋白及其肽、角蛋白、弹性蛋白在化妆品中的应用日趋普遍，它们为人类保持青春发挥越来越大的作用。

2）胶原肽与降血压作用

据报道，某些动物胶原用酶催化水解后可产生具有降血压作用的活性寡肽（≤10个氨基酸），酶解产物的水解度与其 ACE 抑制率之间存在一定的相关性，水解度较高的水解产物，其 ACE 抑制活性也较高，并且相对分子质量较低的低聚肽具有更高的 ACE 抑制活性。张义军等报道了胶原蛋白酶解物对大鼠血压、豚鼠肠平滑肌及猪肺 ACE 的作用的降压效应，得出其降压作用和兴奋豚鼠平滑肌的作用可能与抑制 ACE 有关。

3）胶原肽的其他用途

胶原多肽具有良好的营养功能、理化性质以及生理功能，所以它的应用范围非常广泛。随着年龄的增长，人体对能量的需求量呈下降趋势，但单位体重氮的需求量并未下降，老年人可通过摄入胶原肽来解决这一矛盾。胶原多肽具有保护胃黏膜、抗溃疡、抑制血压上升、提高骨髓强度、促进皮肤胶原代谢等功能。同时酶解胶原蛋白制备的胶原肽具有更低的相对分子质量，并且更易消化吸收，在营养保健品和日用化学品开发方面有广阔的市场，可将其开发成各种美容护肤品、美容饮料或者降血压、预防骨质疏松等的功能保健品。此外胶原肽还可应用于运动保健食品中，实验证明：肽在胃中排空及小肠吸收快，负氮平衡及由此产生的肌肉分解代谢阶段将进一步缩短或消失，胶原肽可作为在运动中或运动结束时的恢复性饮料。蛋白水解物属于高蛋白低热量物质，还可应用于减肥食品。

（二）乳肽

乳蛋白因其高营养价值和优异的加工性能，可用于各种食品，历来被认为是最重要、最优质的蛋白源。然而，近年来研究表明，除了乳蛋白自身具有较好的营养和加工性能外，乳蛋白及其肽类还具有许多保健作用，可作为高附加值的功能食品配料。研究结果表明，乳蛋白及其肽具有抗癌、免疫调节、促进矿物质吸收和降低高血压等生理作用。

1. 牛乳蛋白的种类

牛乳中主要存在着两大类蛋白，即酪蛋白和乳清蛋白。牛乳中蛋白质含量为 32 g/L，其中 76%~86% 是酪蛋白，14%~24% 是乳清蛋白。酪蛋白是含磷的几种蛋白的复合体。在 20 ℃ 和 pH 值为 4.6 时，酪蛋白沉淀，大多数酪蛋白的主要成分是 αs1、αs2、β 和 κ 四种酪蛋白。在 pH 值为 4.6 时，乳中可溶的蛋白质为乳清蛋白。乳清蛋白的主要组分是 β-乳球蛋白和 α-乳白蛋白、免疫球蛋白等。表 2-6 为酪蛋白和乳清蛋白的一些主要性质。

表 2-6　酪蛋白和乳清蛋白的主要性质

性质	酪蛋白				乳清蛋白		
	αs1-CNB	αs2-CAN	β-CAN	κ-CNB	α-La-B	β-Lg-B	血清白蛋白
相对分子质量（Da）	23 614	25 230	23 983	19 023	14 176	18 363	66 267
氨基酸	199	207	209	169	123	162	582
脯氨酸	17	10	35	20	2	8	34
半胱氨酸	0	2	0	2	8	5	35
—S—S—	0	7	0	7	4	2	17
磷酸根	8	11	5	1	0	0	0
碳水化合物	0	0	0	+			
疏水性	4.9	4.7	5.6	5.1	4.7	5.1	4.3

2. 乳蛋白的营养价值

乳蛋白的营养价值可以用一系列参数来评价，如热量、消化性、主要营养素（如必需氨基酸、脂肪酸、维生素和矿物质）。牛乳和人乳有相似的营养成分，但其蛋白质含量是人乳的 4 倍。乳清蛋白比酪蛋白有更好的生物效价、净利用率和蛋白质效价比（PER）。总体来说，不同乳源的营养价值取决于它们的必需氨基酸含量，而牛乳含有丰富的必需氨基酸，在改善人类营养方面有更大的用途。然而，一些人尤其是婴幼儿，在消化牛乳蛋白时有过敏反应。这种过敏反应与牛乳中某些蛋白质的变应性有关。丹麦的一项研究表明，西方国家有 2%~3% 的婴幼儿对牛乳蛋白质有过敏反应，这种免疫过敏性不限于婴幼儿，少数成人也有此类反应。因食用牛乳蛋白而引起过敏的临床症状，轻者为腹泻、呕吐，重者为心绞痛、血管性水肿、荨麻疹等，对患者的健康造成极大威胁。研究表明，蛋白质的酶法降解是降低或消除蛋白过敏原的最有效方法。因此在西方国家，乳蛋白水解物已广泛用于婴幼儿特殊营养制品中。

3. 来源于乳蛋白的生物活性肽

众所周知，许多乳源蛋白，如免疫球蛋白（Ig）、特殊酶，还有与矿物质、脂肪酸以及维生素结合的蛋白质、生长因子和抗菌因子，对人的生长发育有重要的生理活性。乳蛋白亦是生理活性成分如生物活性肽的重要来源，将乳蛋白用蛋白酶水解，可提取出多种生物活性肽。研究表明乳蛋白活性肽具有调节人体内某些生理系统的作用，能促进人体健康。乳蛋白活性肽的生理活性包括抗菌作用、免疫调节作用、降血压作用、类吗啡活性、与矿物质结合活性等。

1）免疫调节肽

免疫系统是哺乳动物体内重要的防御机制，负责保护人体免受感染和癌的侵害。免疫系统存在缺陷使人体极易受到感染，甚至加重某些疾病。人体内存在许多天生的化合物，在调节免疫系统方面起着至关重要的作用。一些乳蛋白酶解肽也具有调节免疫的活性，外源免疫调节肽能够促进淋巴细胞增殖，调节巨噬细胞、自然杀伤细胞、粒性（白）细胞的活性。

2）降血压肽

目前已从乳蛋白及其酶解物中分离鉴定出许多具有生物活性的肽，其中一些肽类具有抑制血管紧张素转化酶（ACE）的活性，从而能够降低血压。要从乳蛋白中获取 ACE 抑制肽，可以通过乳蛋白酶解物提取，也可通过乳蛋白的酸乳发酵制取，还可以根据已确定具有 ACE 抑制活性的乳肽的氨基酸序列进行合成得到。

3）阿片肽

阿片肽（opioid peptide）又称类鸦片肽，是一类具有吗啡样活性的小分子活性肽，这些肽与吗啡一样，具有镇静、催眠、抑制呼吸等作用，与目前使用的镇痛剂的不同之处在于：它经过消化道进入人体后无副作用。许多食物蛋白经过酶解后都会产生吗啡样活性肽，如酪蛋白、牛奶中的其他蛋白、小麦蛋白、大米蛋白等。乳源是阿片肽的重要来源，相关学者对此进行了深入的研究与开发。

Ⅰ.乳源阿片肽的结构与特性

Brant 等 1979 年首次研究了具有阿片拮抗活性的酪蛋白肽，他们在给豚鼠饲喂一种蛋白酶解制剂时，发现回肠纵行肌毛细血管中存在一种阿片样肽活性物质。阿片肽通过与相对应的受体结合而发挥作用，阿片拮抗剂如纳洛酮可以抑制其作用，阿片肽结构中含有典型的 N 末端序列 Tyr-Gly-Gly-Phe，其中第一位 Tyr 残基对阿片样活性十分重要，更换后将丧失与阿片受体的结合能力。

Ⅱ.乳源阿片肽的生理功能

研究发现，在新生牛犊的血液中含有大量的 β-CM-7 免疫反应物质。成年人饮用牛奶后其小肠内容物中也发现有免疫反应性的 β-酪啡肽。在婴幼儿奶粉和酸奶中也可用放射免疫的方法检测到酪啡肽。可见由乳源获得的阿片肽对人体是安全的，乳源阿片肽是一种有发展前途的治疗剂，它有许多生理功能。

Ⅰ）镇静、镇痛作用

阿片肽最突出的作用就是镇痛效果，常用于临床上灼伤等慢性疼痛的治疗。另外它也常用于镇静，有舒缓精神和减轻压力的作用。酪啡肽也可用于促进婴幼儿的镇静和睡眠，如研究中发现，在预处理的婴儿乳制品中，高含量的 β-CM-7 及其衍生物能减少婴儿的啼哭并促进他们的睡眠。

Ⅱ）对胃肠道运动的影响

乳源性酪啡肽可调节消化道运动、肠上皮细胞对离子的转运以及其消化液的分泌，有延长胃肠蠕动和刺激胃肠激素的释放等功能，具有抗腹泻的作用。饲喂酪蛋白或酪蛋白水解物可降低狗和牛消化道运动的振幅和频率，减缓大鼠胃的排空。食用乳蛋白或酪蛋白水解物后，牛胃收缩的幅度和频率降低，大鼠胃排空和胃肠道内容物的转换减慢。Schusdziarra 用含有氨基化合物的食物喂狗，发现狗胃肠的蠕动受到抑制；50 mg 剂量时可抑制人的肠蠕动。后者的剂量相当于临床治疗腹泻的剂量，因此这种氨基化合物可作为临床治疗腹泻的潜在药物。

Ⅲ）对采食的影响

阿片活性肽能调节动物的采食量，影响营养素的吸收和代谢。一般认为它通过调节胰岛素的分泌而刺激摄食，加强采食量，而阿片拮抗肽则相反。在给湖羊饲喂添加有乳源活性肽的饲料试验中发现，随着食糜中活性物质含量的增加，粗采食量增加 7.99%。

Ⅳ）对脂肪代谢及氨基酸转运的影响

牛的酪蛋白水解液能够提高过氧化物酶对低密度脂蛋白的氧化作用，促进高脂肪食物的消化吸收。另外 β-CM 能够与小肠上皮细胞的表面紧密接触，并能改变 L-亮氨酸穿过小肠上壁绒毛膜刷状缘的动力常数 V_{max} 和 K_m，因此被称为肠物质转运系统的化学信号。

Ⅴ）对内分泌的影响

阿片活性肽对机体内分泌有调节作用。Kanarrogirr 等认为，β-CM 可使血浆中生长激素（GH）和胰岛素生长因子（IGF）水平升高。在雌性大鼠腹腔内注射 β-CM-7（10 g/L），其血液中催乳素的浓度也明显提高。近年来，随着对乳源活性肽研究的不断深入，人们发现它还可用于妇产科内分泌疾病的治疗，如痛经、子宫内膜异位症、更年期综合征等，而部分阿片拮抗肽已经应用于促排卵，治疗闭经、不孕、溢乳症等。

Ⅵ）对免疫系统的调节

阿片肽在免疫系统内也起到多方面的调节作用。根据阿片肽浓度的不同及机体免疫状态的差异，阿片肽有增强或抑制免疫功能（即双向调节功能），具体的机理有待进一步探讨。另外阿片肽可通过调节淋巴细胞增殖而促进胎儿免疫系统的发育。

4）酪蛋白磷酸肽

酪蛋白磷酸肽（casein phosphopeptide，CPP），是 αs1、αs2、β 型酪蛋白等牛乳酪蛋白的不同区域的肽段，酪蛋白中大量磷酸丝氨酸残基能够结合二价的金属离子，如 Ca^{2+}、Zn^{2+}、Cu^{2+} 和 Fe^{2+}。CPP 可与 Ca^{2+} 结合形成可溶性复合物，增加了可溶性钙的浓度，防止在中性到偏碱性的小肠环境内磷酸钙的沉淀。

Ⅰ.CPP 的组成与结构

酪蛋白是牛乳蛋白的主要蛋白成分，占牛乳总蛋白的 80% 左右，它含有 αs1、αs2、β 和 κ 型酪蛋白四种成分，它的一级结构均已精确确定。

Ⅱ.CPP 的理化性质

何唯平等对 CPP 的理化性质进行了研究，用氨基酸分析仪法测定了其氨基酸组成，比较了 CPP 和原材料酪蛋白钙的氨基酸组成。CPP 的氨基酸组成几乎与酪蛋白钙相同。同时，用凝胶过滤色谱分析法测定了 CPP 的相对分子质量分布及其平均相对分子质量。结果表明，CPP 的平均相对分子质量为 2 862 Da，磷酸多肽含量为 12.6%。

Ⅲ.CPP 的持钙特性及促进钙吸收功能

早在 20 世纪 50 年代初，Mellander 就证实了 CPP 可以促进钙的吸收，并首次从酪蛋白的膜蛋白水解产物中分离出磷酸肽，发现这些肽的钙盐在生理条件下具有非常好的溶解性，无论正常婴儿还是佝偻病患儿，与自然状态的钙相比，能更好地利用CPP形式的钙。此后，Reeve从酪蛋白的水解产物中分离到CPP。

Ⅳ.CPP的用途

Ⅰ）改善骨质疏松的功能

CPP能促进人体对钙、铁的吸收。在体外模拟试验中，CPP能显著地延缓或阻止难溶性磷酸盐结晶的形成。由食物摄入的Ca^{2+}或Fe^{2+}，在胃肠的酸性条件下，能处于良好的溶解状态，但在小肠中下部pH值为7~8的弱碱性条件下，就会形成不溶性的盐类沉淀，故无法被吸收。CPP的加入，大大减弱了不溶性盐类的形成，从而保证了Ca^{2+}和Fe^{2+}被吸收。另一方面，经大鼠试验，添加CPP后，Ca^{2+}向血中的移行量为对照组的20多倍，Fe^{2+}向血中的移行量为对照组的10~20倍。暨南大学医学院用广州轻工研究所研制的CPP进行了大鼠生长试验和代谢试验，表明CPP对提高钙的吸收率和潴留率具有显著的促进作用。

Ⅱ）防龋齿的功能

CPP能提高钙、铁、锌、镁等元素的生物利用率，并具有预防龋齿的功能，可用于预防和治疗牙结石。CPP中的丝氨酸（P）–丝氨酸（P）–丝氨酸（P）–谷氨酸–谷氨酸片段的肽，有抗龋齿功能，称为抗龋齿CPP（anticariogenic casein phosphopeptide，ACPP）。ACPP能通过络合作用稳定非结晶磷酸钙，并使之集中在牙斑部位，充当Ca^{2+}和PO_4^{3-}的缓冲剂，从而防止牙细胞所产生的酸对釉质的脱矿质作用。Reyhold和Thwaits共同证明了CPP具有明显的防龋齿功能。所以，用ACPP制成的糖果诱发龋齿的危险性大大降低。

（三）其他动物肽

除上述主要的动物肽外，还有很多动物蛋白可作为生物活性肽的来源，其中动物血肽和卵蛋白肽是最有发展潜力的活性肽类。畜血是肉类屠宰厂的副产品，主要用作饲料，仅有一小部分用于食品。因为血蛋白相对分子质量大，难消化，适口性差，在食用方面受到限制，绝大部分白白扔掉，严重污染环境。近年来，人们对血蛋白酶解成氨基酸和肽类进行了大量研究，证明猪血肽具有很好的免疫增强作用。

三、其他陆地生物肽

谷胱甘肽（GSH）是一种具有重要生理功能的活性三肽，它由谷氨酸、半胱氨酸和甘氨酸经肽键缩合而成，化学名称为 γ-L-谷氨酰-L-半胱氨酰-甘氨酸（如图 2-6 所示）。GSH 的相对分子质量为 307.33 Da，熔点为 189~193 ℃（分解），晶体呈无色透明细长柱状，等电点为 5.93。它溶于水、烯醇、液氮和二甲基酰胺，而不溶于醇、酚和丙酮。GSH 固体较为稳定，而水溶液则易被氧化。其分子有一特殊肽键 γ-谷氨酰胺键，GSH 的许多特殊性质与此肽键有关。GSH 分子中有一个活泼的巯基（—SH），易被氧化脱氢，两分子 GSH 失氢后转变为一分子氧化型 GSH（GSSG），在机体内起重要生理作用的是还原型 GSH。

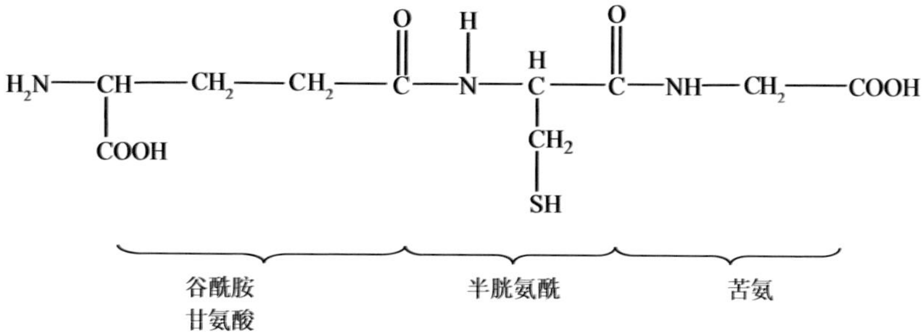

$$H_2N-CH-CH_2-CH_2-\overset{\overset{\displaystyle O}{\|}}{C}-\overset{\overset{\displaystyle H}{|}}{N}-\overset{\overset{\displaystyle H}{|}}{C}-\overset{\overset{\displaystyle O}{\|}}{C}-NH-CH_2-COOH$$

谷酰胺 甘氨酸　　　半胱氨酰　　　苦氨

图 2-6　GSH 的化学结构

1921 年 Hopkins 首先发现了 GSH，1930 年其化学结构得到确证，接着 Rudingen 等人先后合成了 GSH，1938 年出现了利用酵母制备 GSH 的最早专利。GSH 广泛存在于自然界，动物肝脏、酵母和小麦胚芽中都含有丰富的 GSH，而植物组织中的 GSH 则较低。

（一）谷胱甘肽的生产方法

谷胱甘肽的生产方法有溶剂萃取法、化学合成法、酶法及发酵法四种方法，GSH 的早期生产都采用萃取法，原料多为酵母，这是生产 GSH 的经典方法，也是发酵法生产流程中的下游工艺的基础。化学合成法生产工艺已成熟，但化学合成的 GSH 是消旋体，需要进行光学拆分，且工艺过程存在成本高、操作复杂和环境污染等问题，迄今还不适于工业化生产。由于发酵法生产 GSH 的工艺及方法不断得到改进，目前已经成为生产 GSH 最普遍的方法。下面简单介绍发酵法。

自 1938 年发表了由酵母制备 GSH 的最早专利以来，出现了多种发酵生产 GSH 的方法，包括酵母诱变处理法、绿藻培养提取法及固定化啤酒酵母连续生产法，发酵法生产 GSH 的工艺及方法不断得到改进，其中又以诱变处理获得高 GSH 含量的酵母变异菌株来生产 GSH 最为常见。酵母诱变方法有药剂（如亚硝基胍）处理法，X 射线、紫外线、γ 射线或 ^{60}Co 照射等方法，其中药剂处理较容易掌握，投资较小。

通过培育 GSH 合成能力强和胞内 GSH 含量高的微生物，筛选和优化培养基配方，建立和优化发酵控制策略，改进和提高下游工程技术等，最终提高 GSH 产率和质量。

（二）GSH 的生理功能及临床应用

随着自由基病因学的推出，GSH 的抗氧化、消除自由基、激活酶等作用愈来愈受到人们的重视。通过人工合成方法制得的 GSH（如古拉定、阿拓莫兰）已被广泛用于临床，其疗效确切，副作用小，在抗损伤及代谢调节中起关键作用。

1. 清除体内氧化物和自由基

GSH 可在含硒氧化物酶（GSHpx）的催化下将体内有害的过氧化物、自由基（O_2^-，HO^-）加以化解和清除，如下式所示：

$$2GSH+ROOH \xrightarrow{\text{GSHpx}} GSSG+2ROH$$

ROOH 和自由基不仅氧化某些具有重要生理作用的含巯基的酶蛋白质，使之丧失活力，而且还将细胞膜磷脂分子中的多不饱和脂肪酸氧化，而生成的过氧化脂质又通过自身的催化连续生成大量过氧化物，因此 GSH 通过自身氧化能中止脂质过氧化的连锁反应。

2. 维护红细胞的形态和带氧能力

红细胞内氧的代谢非常旺盛，GSH 则是重要的抗氧化物质。当某些氧化剂或毒物进入人体内后可使红细胞膜磷脂和胞内血红蛋白（Hb）的—SH 氧化，后者的氧化产物附着于红细胞膜内侧面，损坏膜的功能，使红细胞过早地破坏沉淀，甚至出现黄疸。尤其是有遗传缺陷而先天缺乏 6-磷酸葡萄糖脱氢酶（G-6PD）的人更易受到伤害，因为这种个体不能使 G-6PD 脱氢转化为 6-磷酸葡萄糖酸（6-P-G）而将脱下的氢传递给氧化型辅酶（NADP），使其转化为还原型辅酶（NADPH），从而细胞内 GSH 难以形成，如图 2-7 所示。

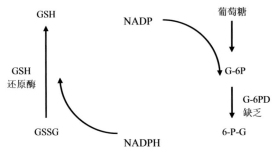

图 2-7 NADPH 与 GSH 的关系

由于体内没有足量的 GSH，红细胞膜、血红蛋白以及细胞内其他含巯基的酶极易遭受氧化性物质的伤害，红细胞尤其是较老的红细胞易于破裂，发生溶血性黄疸。如有人吃了新鲜蚕豆突然感到头疼、恶心、寒战、发热、血红蛋白尿、黄疸、贫血，重者出现酸中毒及氮质血症，可在 2 d 内死亡。这种蚕豆病的发病就与先天性缺乏 G-6PD 有关。蚕豆内含有潜在的毒性成分，如具有醌式结构的蚕豆嘧啶和异氨巴比妥酸，它们的氧化能力较强，通过一系列的氧化过程损伤红细胞而发生溶血。

同理，先天性缺乏 G-6PD 的人由于体内没有足够的 GSH，而不能有效保护红细胞膜，极易遭受伯氨喹、磺胺类、硝基呋喃类、阿司匹林、氯霉素、亚甲蓝等 54 种药物的伤害而出现溶血性贫血。如美国有些黑人对某些抗症药特别敏感就因为此。

GSH 还可以保持血红蛋白的铁为 2 价，具有氧化性的药物以及血液内自然产生的一些过氧化物可使血红蛋白中的 Fe^{2+} 变成 Fe^{3+}，这种高铁血红蛋白是没有输送氧的能力的。GSH 具有还原性从而防止血红蛋白变性。

3. 参与某些蛋白质的合成和酶的激活

GSH 是甘油醛磷酸脱氢酶的辅酶，又是乙二醛酶、前列腺素 E 合成酶等多种酶的辅酶，对酶的催化活性十分重要。GSH 参与蛋白质分子中二硫键的重排作用，使其形成一种热力学上最稳定的结构，对维持蛋白质（酶）的稳定性有重要意义。

4. 保肝解毒

病毒性、药物性、酒精性及其他化学毒物引起的肝损伤与细胞内自由基浓度增高有关。自由基引起肝细胞膜和细胞器膜的脂质过氧化，使膜失去流动性，膜的功能丧失；同时，自由基氧化细胞内的大分子生命组分（DNA、RNA、蛋白质、酶），导致细胞代谢紊乱。GSH 对各种吞噬细胞在反应中所产生的过氧化物、活性氧均有拮抗作用，从而防止过氧化物对肝细胞的损害，如图 2-8 所示。

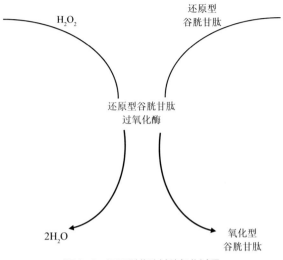

图 2-8 还原型谷胱甘肽氧化过程

另一方面，GSH 通过维持肝脏的蛋氨酸含量，保证转甲基和转丙基反应，以维护肝脏的合成、解毒，胆红素代谢与激素灭活等功能。

GSH 是生物体的一种解毒物质，它可与外界侵入生物体内的各种有毒化合物、重金属离子以及致癌物质等有害物质相结合，并促使其排出体外，起到中和解毒的作用。临床上已利用 GSH 解除丙烯腈、氟化物、一氧化碳、重金属及有机溶剂的中毒现象。

5. 防治白内障

GSH 眼药水（Tathion Eye Drops）早在 20 世纪 70 年代被用于白内障的治疗。GSH 在眼晶状体及角膜中含量较高，当晶状体混浊时，GSH 含量下降。晶状体混浊与不溶性蛋白含量升高、含有—SH 的可溶性蛋白含量下降有关。滴入该眼药水（体外补给 GSH），不仅能保护可溶性蛋白的—SH 不受氧化，而且还能使含—S—S—键的不溶性蛋白质还原成含 SH 的可溶性蛋白质，从而阻止白内障的发展。河南眼科研究所用本品治疗 34 只眼睛，显效 26.4%，有效 67.6%。

第三章　生物多肽与食物营养

第一节　多肽与食物营养简述

一、多肽营养学的概念

多肽营养学（peptide nutrition）是研究来自食物中的肽类成分对人体健康状况影响的科学。具体来说，多肽营养学研究内容包括来自食物中肽的种类，肽的消化、吸收、代谢和对食物本身及对人体健康状况的影响。主要研究具有生物活性肽类的来源、种类及对人体健康的各种作用和作用机制，并介绍各种肽的制备方法。

生物多肽在自然界中广泛存在，在生物的生命活动中起着非常重要的调节作用，涉及分子识别、信号转导、细胞分化及个体发育等诸多领域。自 1975 年 Hughes 等首先报道从动物组织中发现了具有类吗啡活性的小肽以来，已经从动植物和微生物中分离出各种各样的生物活性肽。生物活性肽的结构可以从简单的二肽到较大分子的多肽。它们具有多种多样的生物学功能，如激素作用，免疫调节，抗血栓，抗高血压，调节血糖，降胆固醇，抑制细菌、病毒，抗癌，抗氧化，改善元素吸收和矿物质运输，促进生长，调节食品风味、口味和硬度等。因此，生物活性肽是筛选药物，制备疫苗、保健食品以及食品添加剂的天然资源宝库。生物活性肽可作为药物、保健或功能食品、疫苗、导向药物、诊断试剂、酶抑制剂及食品添加剂的原料，因此在生物医药以及保健食品等领域具有广阔的应用前景。

蛋白质是具有高度种属特异性的大分子，它不易吸收，必须经过消化过程分解为氨基酸才能吸收。这种传统的观点束缚了肽在消化道吸收的机制研究，完整肽进入上皮细胞而在细胞内水解、吸收通路的存在被忽视了相当长的时间。大量的事实证明，蛋白质不仅以氨基酸形式吸收，更多还以肽的形式吸收。早在 100 多年前就有人提到了肽转运的可能性。1953 年 Agar 证实了完整双甘肽在大鼠肠道跨上皮的转运；20 世纪 60 年代 Newey 和 Smyth 第一次提供了肽被完整吸收的资料，他们发现蛋白质在小肠中的消化产物不仅有氨基酸，还有大量的寡肽，而且肽可完整地进入肠黏膜细胞，并在黏膜细胞中进一步水解生成氨基酸进入血液循环；70 年代 Mathews 等在甘氨酸肌肽及肌肽在离体的肠运转实验中证实，肽多以二肽、三肽的形式吸收；1979 年 Steffen 证明了被标记的酶可以穿过小肠壁的事实，使人们联想到较大分子的多肽是否能通过消化道吸收；80 年代初 Werk 等用放射免疫的方法，以豚鼠为实验对象进行胸腺肽在胃肠道的吸收研究，结果表明，小肠吸收 30 min 后，各组织细胞就发现有大量放射活性物质，2 h 达高峰。研究积累了越来越多关于完整短肽肠道转运的证据。肠黏膜对氨基酸和肽的吸收过程复杂，一般认为二肽、三肽被吸收摄入肠细胞后被肽酶水解，以游离氨基酸的形式进入血液循环，但近年的生理和药理研究证实，在某些情况下完整的肽也能通过肠黏膜的肽载体进入循环。

进一步研究发现，人体摄入的蛋白质经消化道中的酶作用后，大多是以寡肽的形式被消化吸收的，以游离氨基酸形式吸收的比例很小。而且，机体对寡肽的吸收和代谢速度比游离氨基酸快。这主要是因为寡肽与游离氨基酸在体内有不同的输送体系。其中，转运寡肽是通过 H^+ 依赖性载体，这与氨基酸通过 Na^+ 依赖性载体介导的在小肠黏膜的吸收是不同的。寡肽类物质在肠道有多种吸收途径，部分寡肽在小肠吸收后，经胞浆肽酶水解为氨基酸并通过侧基底膜载体的介导进入细胞间质及血液循环，一些寡肽被吸收后可直接进入血液。部分相对分子质量较大的多肽也能以完整的形式经跨细胞膜途径、旁细胞途径、M 细胞途径、肽载体等被肠道吸收并在体内产生生物学效应。此外，肽在机体肠道细胞中还存在许多独立的肽酶反应，加上肽的渗透压力比氨基酸小，这使得一些寡肽能以完整的形式被机体吸收进入血液循环系统，并被组织利用。蛋白质以肽的形式被吸收，既避免了氨基酸之间的吸收竞争，又能减少高渗透压对人体产生的不良影响。以肽的形式为机体提供营养物质，有利于尽快发挥肽的功能效应。因此，肽营养已成为蛋白质营养研究的新热点。

二、活性肽营养学的地位

蛋白质是生命的物质基础，没有蛋白质就没有生命。组成蛋白质的结构单元是氨基酸，以往人们多关注氨基酸对人体的营养价值，特别是关注必需氨基酸在营养上的作用，但却一直忽视蛋白质的生理作用与组成的氨基酸种类、数量、连接顺序、空间结构之间的关系。组成有机生物体的 22 种氨基酸从空间结构上来说比较简单，但以不同数目、不同种类的氨基酸结合形成肽就会在空间结构上产生较大差异。这也是肽具有多种生物活性的结构基础。因此，肽营养学跳出了蛋白质营养学及氨基酸营养学的狭隘界限，发展空间更为广阔。

（一）肽营养学开启了研究食物营养的新篇章

众所周知，人体主要由 22 种氨基酸组成，但在自然界中存在成百上千种氨基酸，因此我们面对的肽的世界也和蛋白质一样，是组成不同、排列不同、空间结构不同的群体。肽类成分对营养学、食品加工利用、疾病防治等领域同样重要，可以说，肽营养学开启了食物营养研究的新篇章。

（二）肽营养学研究肽类的营养生化作用

肽影响着生物体内许多重要的生理生化功能。其在体内作为神经递质、神经调节因子和激素等参与受体介导的信号转导。已知有 100 多种活性肽在中枢和外周神经系统、心血管系统、免疫系统和消化系统中发挥作用。肽还通过与受体的相互作用影响细胞间的信息交流，并参与多种生化过程，如代谢、疼痛、再生和免疫应答等。

随着对生物活性肽作用模式的深入了解，人们对其在医学、营养学、食品学、药学等领域的应用越来越感兴趣。目前研究发现，来自普通食物如牛奶、玉米、鱼、大豆的肽具有多种生理活性，可用于改善人们的健康状况，用于疾病的预防及治疗，特别是对人体内源性的活性肽（如对谷胱甘肽、神经肽等）的研究，让人们可以利用动植物性食物，提取、分离、酶解生物活性肽，使人们对疑难杂症的治疗产生了新的希望，肽在其中起着关键性的作用。

（三）肽营养学有利于食物资源的再生及利用

以往人们对肽的研究，多集中在药物的研究上。随着人类疾病谱的改变，预防胜于治疗已经被广泛接受。了解来源于食物的肽类成分的结构、提取、加工方法，对人体的保健作用及其机制非常重要，肽营养学有助于人们更充分地认识食物，对食物采用科学、合理的加工及使用方法，如牛奶中含有镇静作用的安神肽，可在临睡前少量饮用牛奶以帮助睡眠。在传统食品的加工过程中，含量较低的肽类成分常被当成无用的废弃物丢弃。如绿豆的蛋白质在加工粉丝时常随废水一起丢弃，如果将其吸附、酶解则可以获得有助于心血管健康的绿豆肽。

（四）肽营养学有助于疾病的预防

肽营养学在生命科学及营养学中占据特殊的地位。肽营养学是一门新兴的科学，因为传统对肽的研究多集中在化学、药学领域，而从营养学的角度，诠释食物中的肽类成分的生物学功效，对人体健康的促进、对疾病的预防有所助益，更有助于人们选择具有生物活性的肽类营养品或者食品。

（五）肽类在营养学上的其他作用

1. 提高食物氨基酸的利用率

促进蛋白质的合成研究发现，大鼠肌细胞、牛乳腺表皮细胞以及羊肌源性卫星细胞均能有效地利用含蛋氨酸的寡肽。肝脏、肾脏、皮肤和其他组织也能完整地利用寡肽，当以寡肽形式作为氮源时，其生物利用率高于单纯氨基酸或完整的蛋白质。

2. 提高矿物质的利用率

据研究报道，在蛋鸡饲料中添加寡肽后，鸡血浆铁离子、锌离子的含量显著高于对照组，同时蛋壳强度提高。铁可以和寡肽形成配合物，促进铁的吸收及利用，非血红素铁与寡肽结合后不仅能到达特定的靶组织/靶器官，还能自由地通过成熟的胎盘，起到血红素铁的作用。

3. 促进生长发育

有研究发现，婴幼儿期膳食中合理添加寡肽类成分，不仅有助于婴幼儿的生长发育，而且还有助于预防成年期慢性病的发生。

4. 阻碍脂肪吸收

有研究发现，膳食中的某些寡肽类成分能够有效地阻止脂肪的吸收，并且能促进脂肪的代谢。

5. 降低肠道疾病的发生率

还有研究报道，某些寡肽能促进消化酶的分泌，促进胃肠道蠕动，降低肠道疾病的发生率。

三、活性肽营养学的发展趋势

肽营养学起源于肽化学，肽化学对生命科学领域贡献很大。在生物化学研究领域中，合成的肽类化合物可作为抗原产生抗体，也可作为酶的底物研究酶的活性部位，或作为酶抑制剂影响信号传递。合成的寡肽可调控蛋白分子间的相互作用。

我国在生物活性肽的研究和开发上，研究力量及经费投入相对较少，这限制了活性肽药食两用功能的开发，市场上国产的活性肽药品和保健食品寥寥无几。但近几年研究逐步活跃起来，报道渐多，前景看好。当前生物活性肽研究开发的方向有：肽的定向酶解技术开发，包括高效、专一性强的酶种选育，复合酶系共同作用机制，脱苦微生物的分离、纯化和机制研究，酶解工艺改进技术等；功能性肽的分离、分析技术开发，包括新型高效分离设备和分离工艺，灵敏度高、简单易行的目标肽活性分析检测体系、分析技术及下游精制技术；肽的功能性生物学评价研究；生物活性肽功能食品开发等。

第二节 多肽在保健/功能食品中的应用

生物多肽具有多种多样的生物学功能，如激素作用，免疫调节，抗血栓，抗高血压，调节血糖，降胆固醇，抑制细菌和病毒，抗癌，抗氧化，改善矿物质吸收和运输，促进生长，调节食品风味、口味和硬度等。因此，生物活性肽是筛选保健食品的天然资源宝库。目前，在保健食品研发中常用到的生物活性肽有以下几种。

（1）大豆生物活性肽。大豆是全世界应用最广泛的植物蛋白质资源，其显著的优点是较高的蛋白质含量和利用率，并富含赖氨酸、色氨酸、苏氨酸、异亮氨酸等。与具有相同氨基酸组成的大豆蛋白质相比，大豆蛋白酶解物中的大豆肽具有许多独特的理化特性与生物学活性。大豆肽是大豆蛋白经蛋白酶作用后，再经过特殊处理而得到的蛋白质水解物，其氨基酸组成几乎与大豆蛋白质完全一样，且含量丰富，具有比大豆蛋白质更高的营养价值。大豆肽是多种肽分子的混合物，并含有少量游离氨基酸、糖类和无机盐，其通常由3~6个氨基酸组成，平均肽链长度为3.2~3.5，相对分子质量以低于1 000 Da的为主，主要分布在300~700 Da范围内。大豆肽不仅易消化、易吸收，而且具有多种生理功能：降胆固醇、降血压、促进脂肪代谢和控制体重、增强运动员肌肉和消除疲劳、促进矿物质吸收、抗氧化、促进双歧杆菌和乳酸菌增殖等。目前，从大豆蛋白中已分离出多种纯化的大豆生物活性肽，如降血压肽、降胆固醇活性肽、抗氧化肽、高 F 值寡肽等。

（2）海洋生物活性肽。鱼类是人们最早食用的海洋生物之一，其体内含有丰富的蛋白质成分，营养价值很高。但从鱼类中开发具有药用价值的活性物质研究却较少。地球上的海产资源丰富，全世界每年捕获的鱼类和虾类超过1亿t。据报道，通过生物酶解技术从海洋生物中提取的活性肽营养价值非常高，且具有特殊的生理功能。近年来，随着许多新的、先进的技术在海洋生物活性物质的分离、纯化及产品制备过程中的应用，如超临界流体萃取、双液相萃取、灌注层析、分子蒸馏、膜分离等现代分离技术，提高化合物活性的分子修饰、组合化学技术，加速药物研制的计算机辅助药物设计技术等，国内外已经有一大批海洋药物和海洋保健食品投放市场，如硫酸软骨素、鱼油胶囊等，这些产品都是通过海洋生物中天然存在的活性物质的提取、分离、纯化等过程而研制获得的，其中有些经过化学修饰，进一步提高了其作用效果。我国传统医药中很早就有利用海洋生物原料进行疾病防治的实际应用，如文献报道的利用海蛇、海参、海星及海洋鱼类等提取物治疗和预防某些疾病。

来自海洋生物的活性肽有两大类，一类是自然存在于海洋生物中的活性肽，主要包括肽类抗生素、激素等生物体的次级代谢产物，骨骼、肌肉、免疫系统、消化系统、中枢神经系统中存在的活性肽等，目前该类活性肽中研究较多的有鱼精蛋白、海绵肽、海鞘肽、海葵肽、芋螺肽、海藻肽及鱼类肽等；另一类是海洋生物蛋白质酶解产生的活性肽，目前已分离得到的海洋蛋白活性肽主要有从沙丁鱼中分离得到的8肽和11肽，从金枪鱼中分离得到的8肽，从南极磷虾中分离得到的3肽，从鲭鱼中分离得到的鲭鱼多肽，从虹鳟鱼皮中得到的核蛋白肽，从鳝鱼中分离得到的相对分子质量分别为30k、10k、5k和3k的4种活性肽，以及从深海鱼类（皮肤、骨髓、肌肉等）中酶解获得的相对分子质量在200~1 000 Da的寡肽混合物。由于天然存在的活性肽含量较少，提取也较为困难，因此，从海洋蛋白酶解产物中寻找生物活性肽已经成为人们关注的重点。

目前我国海洋生物活性物质的研究和开发与世界先进国家相比还存在一定差距，其主要表现在如下几方面。①活性物质筛选等基础性工作相对薄弱。1976年以来，全世界从海洋生物中分离得到的新型化合物达3 000多种，而我国进行海洋生物活性物质筛选的单位不多，分离得到单体且属新型化合物的很少。②活性物质的分离、纯化等技术与国外存在较大差距，设备落后，质量差，速度慢。③利用基因工程、细胞工程、酶工程、生化工程等生物技术手段，进行海洋生物活性物质开发更是刚刚起步，大部分项目还处于研究的初期。④产业化水平较低。国内虽已开发出了一些海洋保健食品，但绝大多数功能因子不明确。很多研究开发项目常常出现一窝蜂而上的现象，其中大多数是较低水平上的重复。目前急需解决的是对海洋生物活性物质的筛选、提取、纯化分离进行系统深入的研究，将其中的功能片段分离纯化，作为功能因子，真正开发出具有明确保健作用的第三代功能食品，这样不但可以造福社会，而且具有巨大的经济、环境效益。

（3）乳蛋白生物活性肽。人乳与动物乳被认为是最接近完美的食品，所含维生素、微量元素及其他各种营养素种类齐全，配比合理，其营养价值是其他食品不能相比的。随着经济的发展与人民生活水平的提高，势必对乳制品业提出更高的要求。乳蛋白是生产乳制品（特别是奶酪）的重要原料，而蛋白酶是生产乳制品的重要手段。国外研究主要集中在水解对产品风味、质构、色泽、贮藏稳定性以及对蛋白质理化和功能特性的影响等。当今这一领域再度引起人们的关注，是因为从中发现了多种具有生物活性功能的生物活性肽，如阿片样肽、降血压肽、抗血栓肽、免疫促进肽、促钙吸收的酪蛋白磷酸肽（CPP）等，其中CPP在国内外都有产品问世。

（4）玉米醇溶蛋白肽。玉米是我国的三大粮食作物之一，目前我国的玉米总产量居世界第二位，占世界总产量的20%，占我国粮食总产量的25%。玉米不仅在农业中占重要的地位，在工业生产中也是生产淀粉、酒精的主要原料，玉米湿法生产淀粉的副产物玉米面筋粉（俗称玉米渣），大约含60%的蛋白质，主要由玉米醇溶蛋白（68%）、谷蛋白（22%）和球蛋白（1.2%）组成。然而玉米蛋白水溶性较差，组成复杂，口感粗糙，严重影响了其在食品中的应用。不仅如此，玉米蛋白就其氨基酸组成而言，赖氨酸和色氨酸含量较低，为限制性氨基酸，根据衡量氨基酸组成的水桶平衡理论，玉米蛋白是一种非全营养蛋白。因此作为人类的营养成分，玉米蛋白的利用受到一定的限制。加之玉米蛋白原料丰富，价格低廉，玉米淀粉的副产物很多未经利用即自然抛弃，这不仅是对可利用粮食资源的极大浪费，而且对环境也会造成一定程度的污染。据有关统计，我国每年随废液排走的玉米蛋白高达 8 万 t 以上，其余主要用作蛋白饲料，也就是说玉米蛋白的利用率极低。随着人类对蛋白资源的重视和对生物活性肽的科学研究的不断深入，酶解天然蛋白资源制备生物活性肽的基本理论和技术方法逐渐普及，对玉米蛋白可实现有限的酶解过程，生产出高营养且易于吸收的具生物学功能特性的生物活性肽。

酶解玉米蛋白制备生物活性肽的研究显示，可释放出具生物活性的肽主要有玉米降压肽、高 F 值低聚肽（在氨基酸混合物中，支链氨基酸与芳香族氨基酸的摩尔比称为 Fischer 值，简称 F 值）、谷氨酰胺活性肽、抗氧化肽等。

（5）酪蛋白磷酸肽。酪蛋白磷酸肽是以牛奶酪蛋白为原料，经过单一或复合蛋白酶的水解，再对水解产物分离纯化后得到的含有磷酸丝氨酸簇的生理活性肽。它是多种长度不同的短肽混合物，主要分布于 αs1-、αs2-和 β-酪蛋白等牛乳蛋白的不同区域。利用反向高效液相制备色谱可分离出 4 种不同组分的 CPP。CPP 的核心部位由 3 个磷酸丝氨酸残基组成一个-Ser（P）-残基簇，后面紧接着-Glu-残基组成的。CPP 具有很强的促钙以及其他矿物元素吸收的活性，这是由于 CPP 的核心部位可以与钙、铁等二价和某些三价矿物离子结合，同时也可以阻止 CPP 的进一步水解。CPP 还具有抗龋齿，促进牙齿、骨骼中钙的沉积和钙化的作用，此外还能够增强机体免疫力。

（6）其他生物活性肽。谷胱甘肽（GSH）是一个含有巯基的 3 肽，是一种非常特殊的氨基酸衍生物，是体内主要的自由基清除剂，能抵抗氧化剂对巯基的破坏作用，保护细胞膜中含巯基的蛋白质和酶类不被氧化。当体内细胞生成少量 H_2O_2 时，GSH 在谷胱甘肽过氧化物酶的作用下，将 H_2O_2 还原成 H_2O，其自身被氧化生成氧化型谷胱甘肽（GSSG）。GSSG 再在谷胱甘肽还原酶的作用下，从 NADPH 接受氢重新被还原为 GSH。另外 GSH 还可以和有机过氧化物起作用，这些过氧化物是有氧代谢的有害中间产物，谷胱甘肽在这种解毒过程中起关键作用。除此之外，谷胱甘肽也参与氨基酸的转运，具有抗过敏、防治皮肤色素沉着、改善性功能、防治眼角膜疾病等作用。

加压素类活性肽是由 9 个氨基酸构成的一组活性肽，可应用于尿崩症、出血性休克等的治疗；催产素是由 9 个氨基酸组成的短肽，可应用于引产、强化抗感染药物的体内外抗菌效果等；增血压素 I 类含有 8 个氨基酸，可用于特异性升高血压和休克抢救等。此外肌丙抗增压素、胃酶抑素、四肽胃泌素、促甲状腺释放激素、促吞噬素等均具有不同的生理活性。

本节将按照不同的保健功能对生物活性肽在保健功能食品中的应用状况进行概述。

一、多肽在抗氧化类食品中的应用

（一）抗氧化保健食品概况

延缓衰老功能是卫生部 1996 年发布的《保健食品功能学评价程序和检验方法》规定的第一批 12 种保健功能之一。2003 年国家食品药品监督管理局将保健食品的功能调整为 27 种，其中延缓衰老功能调整为抗氧化功能。抗氧化保健食品是在老年日常功能性食品基础上，添加具有抗氧化功能的活性物质。目前已证实的抗氧化活性物质包括自由基清除剂和免疫刺激剂等，自由基清除剂包括抗氧化剂和抗氧化酶两类。目前卫健委已批准的抗氧化保健食品中的活性成分主要有：金属硫蛋白、人参、超氧化物歧化酶、灵芝、珍珠、枸杞、蜂王浆、冬虫夏草、龟、鳖、羊胎素、蚂蚁、银杏叶、海狗油、壳聚糖、鹿茸、黑木耳、茯苓、肉苁蓉、山药、桑葚、银耳、蚕蛹、黄芪、葡萄籽提取物、维生素 E、大豆磷脂、γ-亚麻酸、黑芝麻及异构化乳糖等。

（二）抗氧化保健食品检测方法

抗氧化作用动物实验包括以下项目：体重、过氧化脂质含量（丙二醛和/或脂褐质）、抗氧化酶活力（超氧化物歧化酶和/或谷胱甘肽过氧化物酶）。可选用老龄动物或氧化损伤模型动物进行实验。

常用实验方法包括生存实验和生化实验。生存实验是利用生物的整个生存过程来观察营养、受试物、环境等外界因素对其寿命的影响，可选用小鼠/大鼠生存实验、果蝇生存实验。此外大量研究表明过氧化损伤是衰老的基本原因之一，因此检测过氧化脂质含量、抗氧化酶活力成为延缓衰老功能实验中不可缺少的指标，一般可选择老龄动物或过氧化损伤模型（D-半乳糖模型、辐照模型、溴代苯模型）动物进行抗氧化能力实验。检测指标包括过氧化脂质（LPO）含量测定（MDA、脂褐素）、抗氧化酶含量及活力测定（SOD、GSH-Px）。

（三）抗氧化肽的研究概况

近年来，由于化学抗氧化添加剂的潜在毒性，高效、低毒的天然食品抗氧化剂成为一大研究热点。同时由于自由基生命科学的发展，具有抗氧化作用的功能食品和药物也引起了众多学者的关注。大量研究发现，肌肽、谷胱甘肽以及大豆肽等生物活性肽具有明显抗氧化作用，并逐渐显示出它们在医药、功能食品以及饲料等领域应用的优势。

1. 肌肽

肌肽是典型的抗氧化活性小肽。肌肽是一种以毫摩尔浓度天然存在于多种陆生脊椎动物骨髓肌中的水溶性二肽，由 β-丙氨酸和 L-组氨酸通过肌肽合成酶合成，可在许多体系中起抗氧化作用，其抗氧化作用主要表现为对活性氧的清除、抗脂质过氧化等方面的活性。

1）肌肽对活性氧的清除作用

有研究以硫酸钡作刺激物，建立稳定的全血多形核白细胞鲁米诺依赖的化学发光体系，研究肌肽对氧自由基的清除作用。当该体系中加入不同浓度的肌肽后，可见明显的对化学发光的抑制作用。如设标准对照的发光值为 100%，则肌肽在 2.5、5、10 和 15 mmol/L 不同浓度下的抑制发光作用分别为 47.2%、71.4%、85.4% 和 97.0%。肌肽具有捕捉羟基自由基的能力，用铁催化产生羟基自由基，使脱氧核糖降解的方法建立体系，加入肌肽可以有效抑制脱氧核糖的降解。离体研究显示，在生育酚存在条件下，某些天然肌肽可清除各种活性氧自由基。

2）肌肽的抗脂质过氧化作用

肌肽可以抑制铁或铜催化的脂肪氧化反应，其中肌肽对铜催化的脂肪氧化反应产生的抑制作用最强，通过 ^1H NMR 检测发现肌肽可与铜形成非活性的复合物，抑制铜催化脂肪氧化的活性。肌肽在脂质体和牛肉中的抗氧化作用研究发现肌肽在磷脂酰胆碱脂质体中抑制 TBARS（丙二醛和硫代巴比妥酸的反应产物）形成的效果与体系中存在的金属离子有关（表3-1）。

表3-1　肌肽对磷脂酰胆碱脂质体脂肪过氧化的抑制效果

肌肽	TBARS（mmol/mL 脂质体）		
（mmol/L）	Cu^{2+}	Fe^{2+}	Fe^{3+}
0	4.41±0.14	23.30±0.14	0.92±0.09

续表

肌肽 （mmol/L）	TBARS（mmol/mL 脂质体）		
	Cu^{2+}	Fe^{2+}	Fe^{3+}
1	0.48 ± 0.01	6.18 ± 0.05	0.79 ± 0.09
5	0.44 ± 0.02	4.44 ± 0.11	0.72 ± 0.10
10	0.31 ± 0.03	4.00 ± 0.22	0.57 ± 0.05
15	0.28 ± 0.04	3.36 ± 0.01	0.48 ± 0.05
20	0.22 ± 0.02	1.88 ± 0.06	0.33 ± 0.06

3）肌肽其他的抗氧化作用

肌肽对脑缺血再灌注有明显的神经保护作用，使用肌肽的治疗组氧自由基和脂质过氧化物的生成量均明显低于生理对照组，而假手术组和使用肌肽的治疗组的海马 CAI 区锥体细胞数明显高于生理盐水对照组。研究显示肌肽对比 H_2O_2 和 β－淀粉样蛋白片段诱发的 PC12 细胞损伤有显著的抗氧化保护作用，可能是由于肌肽与自由基直接结合，阻止脂质过氧化、蛋白质糖基化和交联，还原过氧化的细胞膜而保护膜结构的稳定和酶的正常功能，保持细胞的稳态。用过氧化氢和谷氨酸钠作用于 PC12 细胞制作成氧化应激损伤的细胞模型，加入肌肽可抑制乳酸脱氢酶活性而增加 MIT 水平，使细胞生长状态明显改善，这表明肌肽对 PC12 细胞的氧化应激损伤有明显保护作用。

2. 谷胱甘肽

谷胱甘肽（glutathione，GSH）是由谷氨酸、半胱氨酸及甘氨酸组成的三肽，有氧化型（GSSG）和还原型（GSH）两种形式。GSH 分子中半胱氨酸上的巯基，是其发挥生物学功能所必需的。GSH 以高浓度（0.1~10 mmol/L）广泛分布于哺乳动物、植物和微生物细胞内，是含量最丰富、最主要的含巯基的小分子肽。肝脏 GSH 含量最高，大鼠肝细胞内 GSH 浓度可达 10 mmol/L。而 GSH 在细胞器中的分布是不均匀的，真核细胞有 3 个 GSH 库，约 90% 的 GSH 分布于胞质，另有约 10% 分布于线粒体，其他极少部分分布在内质网。

谷胱甘肽具有较强的抗氧化作用，可表现在多个方面。许多学者认为脂质过氧化的发生是由于体内 GSH 含量下降所引起的。试验证实，预先用苯巴比妥纳、酰氨基酚或噻吩消耗动物组织细胞内的 GSH 后，脂质过氧化作用显著增加，造成肝脏损伤。人体服用过量酰氨基酚可引起 GSH 严重消耗，脂质过氧化产物增加，从而造成肝脏损伤。GSH 发挥其抑制脂质过氧化作用有赖于谷胱甘肽过氧化物酶还原酶（GSH-Px-Rx）系统。GSH 保护细胞膜的功能，主要是通过 GSH-Px 来保护细胞膜中多不饱和脂肪酸，防止脂质过氧化来实现的。GSH 对自由基亦有直接清除作用，GSH 可在 GSH-Px 的作用下从 H_2O_2 处接受电子，发生自身氧化，从而阻断·OH 生成。GSH 也是·OH 的清除剂，GSH 还可将一些脂类自由基、脂过氧自由基直接还原，阻断脂质过氧化的链式反应，其作用与抗坏血酸类似。GSH 水平及其相关酶活性目前被作为机体抗氧化状态的标志。许多临床研究发现，GSH 对许多疾病的治疗作用是通过其清除自由基和抵抗脂质过氧化来实现的。

3. 大豆肽

近年来研究发现大豆蛋白酶解物在体外具有抗氧化活性。研究发现大豆蛋白酶解物具有抗亚油酸发生脂质过氧化作用，并且从中分离得到了 6 种抗氧化活性肽，其中相对分子质量最小的是一个 5 肽（Leu-Leu-Pro-His-His）。在反应体系中添加40 mg/mL 大豆肽，邻苯三酚自氧化速率被抑制 27%，说明大豆酶解物具有清除超氧阴离子作用，可抑制人体红细胞氧化溶血程度以及抑制脂质氧化导致的脂质体膜的破坏，抗氧化肽的相对分子质量在 100~1300 Da。大豆分离蛋白酶解物具有清除自由基的能力，以相对分子质量 5 154~11 355 Da 的肽段清除能力最强。其清除能力主要与暴露的氨基酸侧链基团和肽序列有关。但目前尚无关于大豆蛋白肽在动物体内抗氧化作用的报道。

4. 其他抗氧化肽

1）丙谷二肽

丙谷二肽（Ala-Gln），即 L-丙氨酰-L-谷氨酰胺二肽。丙谷二肽是一种合成的二肽化合物，水溶液极为稳定，能耐高温，进入体内可迅速水解释放出谷氨酰胺（Gln），而 Gln 被认为是目前所知的对机体最重要的氨基酸之一，在体内具有很重要的生理功能，同时也是谷胱甘肽合成前体物。有研究显示丙谷二肽可明显升高烧伤大鼠血中的谷胱甘肽水平和 SOD 活性，降低血清黄嘌呤氧化酶活性，能够增强烧伤大鼠的抗氧化功能并降低死亡率。此外，丙谷二肽还有促进肌肉蛋白合成、改善危重病人的临床与生化指标、维持肠道功能、保持机体氮平衡、增强免疫功能等作用，而且对机体无任何毒副作用，有重要的临床应用价值。目前在欧美等发达国家作为肠外营养制剂广泛使用。

2）灵芝肽

灵芝是中华医药宝库中的瑰宝，具有极高的药用价值。国内外关于灵芝活性成分的化学、药理学研究，以多糖、三萜类化合物最为深入。关于灵芝中蛋白质类化合物的研究已取得一定进展。湖南医药工业研究所曾从灵芝中分离出 4 种具有耐缺氧活性的小肽。董颖等从灵芝中分离出 5 种肽，其中 4 种可抑制红细胞膜中丙二醛的生成。Lin 等发现灵芝热水提取物具有清除自由基、抗脂质过氧化活性，但未指出活性因子是何种化合物。一般认为灵芝多糖及多糖肽是抗氧化因子。与大分子化合物多糖、蛋白质相比，水溶性灵芝小肽具有更好的抑制羟基自由基活性，在磷脂体系中同样具有抗氧化作用，因而能有效地保护生物膜。

3）海洋生物活性肽

海洋胶原肽（marine collagen peptide，MCP）是以深海鱼的鱼皮为主要原料，采用生物酶法生产的小分子寡肽混合物（相对分子质量 200~1 000 Da）。研究显示其对 D-半乳糖亚急性衰老模型大鼠具有抗氧化保护作用，不同剂量的海洋胶原肽可以增强血中 SOD 活性，降低肌 IDA 含量，同时升高过氧化氢酶（CAT）活性（表 3-2），其抗氧化活性与维生素 E 相当。

表 3-2　海洋胶原肽对 D-半乳糖衰老模型大鼠血清 SOD、CAT 和 MDA 的影响

剂量	n	SOD（U/mL）	CAT（U/mL）	MDA（mmol/mL）
MCP0.225 g/kg	12	455.52 ± 11.39	21.33 ± 4.82	5.85 ± 0.78
MCP0.450 g/kg	12	460.15 ± 18.09	20.47 ± 3.01	5.67 ± 0.93
MCP1.35 g/kg	12	468.59 ± 27.25	21.69 ± 1.68	5.76 ± 1.02
维生素 E200 mg/kg	12	474.99 ± 24.87	17.92 ± 3.60	5.52 ± 1.14
D-半乳糖 125 mg/kg	12	395.56 ± 15.25	17.14 ± 2.81	7.63 ± 1.37
生理盐水	12	476.55 ± 15.22	21.47 ± 4.47	5.14 ± 1.11

从鲭鱼中分离得到的鲭鱼肽对低密度脂蛋白（LDL）氧化有抑制作用，鲭鱼肽能够显著延长氧化反应的诱导期（由对照组的 34.1 min 延长到实验组的 59 min）。对 16 名平均年龄为 19 岁的女性志愿者进行的体内抗氧化实验也证实食用含鲭鱼肽的食物（剂量按 16.9 g 蛋白/d，共 10 d，其他膳食的组成不变）可延长 LDL 氧化的诱导期（第 10 d 为 66.2 min），比 0 d 时静脉血试样 LDL 氧化的诱导期（57.9 min）明显延长。

鲭鱼酶解得到的多肽也具有抗氧化特性，其抗氧化活性与其相对分子质量有关，

相对分子质量为 5 000 Da 的多肽具有显著的抗氧化活性，其抗氧化活性与 α-生育酚相当。许多研究表明，大豆肽等抗氧化肽均含有组氨酸等疏水氨基酸，这类肽的抗氧化活性主要与组氨酸的咪唑环的络合能力和脂游离基捕捉能力有关。与此相反，鲭鱼酶解得到的活性肽主要是由 Asp、Glu、Gly、Ala 等亲水性氨基酸组成，因此，适于作亲水性天然抗氧化剂。另外黄鳝鱼皮胶原酶解得到的活性肽也具有较好的抗氧化活性。

扇贝肽也是一种有潜力的抗氧化剂和免疫细胞调节剂。采用现代生物工程技术，从栉孔扇贝中提取的海洋多肽，相对分子质量为 800~1 000 Da，经药理实验表明，其具有抗氧化损伤作用，能清除超氧阴离子和自由基，延缓皮肤老化，并可显著增强免疫细胞的代谢和增殖。

4）乳铁蛋白活性肽

乳铁蛋白（lacto ferrin，LF）是一种天然的铁结合蛋白，乳铁蛋白活性多肽是从 LF 上被胃蛋白酶水解下来的 25 个氨基酸残基的多肽。乳铁蛋白存在于母乳及大多数哺乳动物（马、牛、山羊、猪、兔、小鼠等）的奶中，也存在于唾液、精液、泪液、气管和鼻腔分泌物、膜液以及其他的身体分泌物中。乳来源不同，乳铁蛋白的含量差异较大。人初乳中的乳铁蛋白浓度最高，为 6~8 mg/mL，常乳为 2~4 mg/mL；牛的初乳为 1~5 mg/mL，常乳为 0.02~0.35 mg/mL；狗、大鼠奶中则基本不含乳铁蛋白。

乳铁蛋白是 Groves 于 1960 年首先从牛乳中分离获得的，由于可以与铁结合形成红色的复合物，故始称为红蛋白。Blanc 等（1961）将其从人乳中分离出来，正式命名为乳铁蛋白。乳铁蛋白是一种铁结合性糖蛋白，其相对分子质量为 80 000 Da。1 分子乳铁蛋白中含有 2 个铁结合部位，含有 15~16 分子甘露糖，5~6 分子半乳糖，10~11 分子乙酰葡萄糖胺和 1 分子唾液酸。牛和人的乳铁蛋白分别含有 689 和 691 个氨基酸，其中谷氨酸、天冬氨酸、亮氨酸和丙氨酸的含量较高，除含少量半胱氨酸外，几乎不含其他含硫氨基酸。牛乳和人乳两者乳铁蛋白的三维结构非常相似，约有 70% 的氨基酸序列相一致。

（四）抗氧化肽在保健食品中的应用前景

快节奏、高强度的生活环境使越来越多的现代人步入亚健康，医疗模式将由治疗型转向预防保健型，保健食品最终将成为人们生活的必需品。在国内，已开发的 27 种保健食品功能中抗氧化功能保健食品一直都被生产企业和大众所看好。随着我国步入老龄化社会，抗氧化保健食品在保健产业中所占的比重将不断增大。出于对食品安全性的考虑，化学抗氧化添加剂，如 BHA、BHT、TBHQ 的应用受到限制，一些天然抗氧化剂（如生育酚、草本植物提取物）由于成本较高且对食品风味和颜色有影响，其应用也受到限制。因此，高效、低毒的天然食品抗氧化剂的开发成为研究热点。肌肽是肌肉组织中的一种天然成分，不仅可以有效抑制脂肪氧化，而且在肉制品贮藏时起到护色作用。虽然肌肽的价格较高，但如果利用肌肽的水溶性以弥补其他抗氧化剂的脂溶性而进行复配使用，无疑可以扩大肌肽在食品中的应用范围，并降低成本。因此，肌肽作为一种天然食品抗氧化剂是很有前景的。同时，随着肌肽在生物体的抗氧化作用及其作用机制研究的不断深入，肌肽在医学、饲料和保健领域的应用会越来越广泛。

近年来，研究发现自由基与许多疾病如心血管病、白内障、癌症及氧化应激的其他机能障碍密切相关，天然抗氧化物也被广泛用于医药和功能食品。谷胱甘肽具有解毒、抑制衰老、预防糖尿病和癌症、解除疲劳等作用，在医药领域中的广泛应用早已被公认，在食品领域中虽刚刚起步，但因其独有的功能正日益受到人们的青睐。欧美、日本等发达国家，将谷胱甘肽作为生物活性强化剂所开发的谷胱甘肽功能食品非常盛行。目前，谷胱甘肽在食品工业中可作营养调节剂，用于增强肉类风味调味品，提高人们对肉的好感。谷胱甘肽可作为稳定剂，将其添加到酸奶和婴儿食品中，相当于维生素 C 的功能，起稳定营养成分作用。在水果罐头中谷胱甘肽可以防止色素沉着，从而起到防止水果褐变的作用。谷胱甘肽是功能活性因子，在人的小肠中吸收完全，上皮细胞能利用外来谷胱甘肽解毒，可以缓解人体细胞受损伤程度。因此，可以用谷胱甘肽开发具有解毒、抗氧化性等不同类型的功能食品和保健食品，如饮料、乳制品、肉类制品、谷类制品以及口服液等。随着科学技术的发展，谷胱甘肽在食品中的应用会更加广泛，受人们欢迎的产品会越来越多。

由于氧化应激严重影响动物的生长，因此在动物的饲料中添加低毒、高效的天然抗氧化物可以促进动物生长，进而提高动物的生产性能，对于动物源性的保健食品原料的生产具有重要的意义。大豆粕来源广泛，价格低廉，蛋白质含量丰富，通过严格控制酶解条件获得抗氧化活性肽即大豆蛋白酶解物，作为饲料添加剂维持动物的健康或者替代化学抗氧化剂作为动物饲料的防腐剂具有很大的发展潜力，有关这方面的研究还有待于进一步深入。

二、多肽在增强免疫力类食品中的应用

（一）增强免疫力保健食品概况

免疫调节功能是卫生部 1996 年发布的《保健食品功能学评价程序和检验方法》规定的第一批 12 种保健功能之一。2003 年国家食品药品监督管理局将保健食品的功能调整为 27 种，其中免疫调节功能调整为增强免疫力功能。增强免疫力保健食品是在日常功能性食品基础上，添加具有增强免疫力功能的活性物质，或以天然免疫调节物质本身辅以适当的载体而制成的。目前已证实的免疫调节活性物质包括：①蛋白和活性肽类；②低聚糖和多糖类；③皂苷类；④脂肪酸类；⑤维生素和微量元素类；⑥细菌及其裂解产物类；⑦果胶类；⑧多酚类；⑨合成化学物质类等。

（二）增强免疫力保健食品检测方法

增强免疫力保健食品的检测包括动物实验和人体试食实验两部分。

动物实验的检测项目包括：ConA 诱导的小鼠脾淋巴细胞转化实验，可选用淋巴细胞转化法（MTT 法）或同位素掺入法进行检测；迟发型变态反应（DTH）实验，可选用二硝基氟苯诱导小鼠 DTH（耳肿胀法）或绵羊红细胞（SRBC）诱导小鼠 DTH（足跖增厚法）进行检测；抗体生成细胞检测，采用 Jerne 改良玻片法；血清溶血素的测定，可选用血凝法或半数溶血值（HC50）法进行检测；小鼠碳廓清实验；小鼠腹腔巨噬细胞吞噬鸡红细胞实验（半体内法）；NK 细胞活性测定，可选用乳酸脱氢酶（LDH）法或同位素 3H-TdR 法进行检测。

人体试食实验的检测项目包括：人外周血淋巴细胞转化实验（MTT 法），免疫球蛋白 IgG、IgA、IgM 测定（单向免疫扩散法），吞噬与杀菌实验（白念珠菌法），NK 细胞活性测定。

（三）免疫调节肽的研究概况

免疫调节肽是指对人体免疫系统具有调节作用的一类生物活性肽。免疫调节肽属免疫调节剂类，按来源可分为天然免疫调节肽、化学合成免疫调节肽以及生物工程合成免疫调节肽等。其中天然免疫调节肽在医药领域的应用中占有重要地位，据统计，世界范围内销售的药物中约 30% 来自天然产物。化学合成和生物工程合成的免疫调

节肽大多数也源于天然产物，是利用药物设计工具明确天然成分的结构与活性的关系后对其进行模拟和修饰而获得的。天然免疫调节肽可分为微生物来源、植物来源及动物来源三大类。以下按照不同来源对天然免疫调节肽进行简要介绍。

1. 微生物来源的免疫调节肽

1）胞壁酰二肽（muramyl dipeptide，MDP）

MDP 是分枝杆菌细胞壁中具有免疫佐剂活性的最小结构单位，相对分子质量 500 Da，氨基酸顺序为 N-乙酰胞壁酰-*L*-丙氨酸-*D*-异谷氨酰胺-COOH。MDP 可以替代弗氏完全佐剂中的整体分枝杆菌，促进机体对外源抗原的特异性免疫反应，还可以作为免疫调节剂在一定程度上增强机体对感染和肿瘤的非特异抵抗力。MDP 类以前主要作为疫苗佐剂使用，现在作为免疫调节剂广泛应用。

2）羟苯丁酰亮氨酸（bestatin，BTT）

羟苯丁酰亮氨酸是一种从橄榄色链霉菌属中获得的低分子二肽。BTT 可提高 NK 细胞的活性，通过激发细胞免疫和促进抗体产生而实现免疫调节作用。

3）环孢素 A（cyclosporin A，CsA）

环孢素 A 为一种真菌的多肽产物，是 1971 年瑞士某公司从真菌酵解产物中分离得到的由 11 种氨基酸构成的天然的亲脂性环状多肽，是一种活性很强的选择性免疫抑制剂。CsA 主要通过干扰 T 淋巴细胞的信息传递通道而抑制其功能，并对肥大细胞、嗜碱性粒细胞、嗜酸性粒细胞、单核－巨噬细胞及中性粒细胞等免疫效应细胞具有较强的抑制作用。

CsA 与传统免疫抑制剂相比具有选择性强、毒副作用相对较小、感染概率低等优点，目前广泛地用于肾、肝、心、膜及骨髓等器官和组织移植时的抗排斥反应和移植物抗宿主病（graft versus host disease，GVHD）的治疗，可提高移植物的成活率，并降低排斥反应和感染概率。近年来，CsA 也用于各种自身免疫性疾病、难治性皮肤病、血液病及眼科疾病的治疗。

4）其他微生物来源的免疫调节肽

其他微生物来源的免疫调节肽有从链霉菌培养液中提取的氨肽酶抑制剂（amastatin）和从大肠杆菌培养液中提取的棕榈酰五肽-3 等具有提高免疫功能的免疫增强肽，以及从马霉菌培养液中提取的新月环六肽和从鬼笔鹅膏菌中提取的蕈草环肽 A 等免疫抑制剂。

2. 植物来源的免疫调节肽

大多植物来源的天然免疫调节剂具有双向免疫调节作用，植物来源的免疫调节剂研究较多的是多糖，活性肽的研究则集中在几种花粉肽和大豆肽上。

从罂粟花粉中分离到分别含有 21、17、13、16 个氨基酸残基的四种肽，可以提高猪胸腺细胞玫瑰花环成环率，促进人外周血 T 细胞转化。从中国黑麦花粉中提取出的含有 12 个氨基酸残基的生物活性肽可以激活小鼠脾淋巴细胞转化，促进白血病 HL-60 细胞株增殖，增加入外周血淋巴细胞 IL-2 表达。

大豆肽与大豆蛋白相比能显著增强大鼠肺泡巨噬细胞吞噬绵羊红细胞的功能，而且大豆肽的作用优于酪蛋白肽。大豆蛋白酶解物能显著促进大鼠腹腔巨噬细胞吞噬能力、刺激外周血淋巴细胞转化、提高肠腔 sIgA 水平，而且大豆蛋白酶解物的作用优于面筋蛋白酶解物。大豆蛋白和酪蛋白酶解物均能不同程度地刺激经 PHA 诱导的 10 日龄仔猪外周血淋巴细胞的转化，且大豆蛋白酶解物的促淋巴细胞转化作用最强。

其他还有从枸杞子中分离、纯化获得多种糖肽类化合物，不同的枸杞糖肽免疫活性不同，有的表现为促进细胞免疫功能，有的表现为促进体液免疫功能，但起主要作用的可能是其中的多糖部分。

3. 动物来源的免疫调节肽

1）乳蛋白免疫调节肽

牛乳中含有大量的蛋白质，其含量占牛乳的 3.3%~3.5%，其中 80% 是酪蛋白。酪蛋白是一类含磷蛋白质，其丝氨酸羟基与磷酸根之间形成一个酯键，有 αs-、β-、κ-、γ-四种构型。酪蛋白中含有人体必需的 8 种氨基酸，是一种全价蛋白质，能够为生物体生长发育提供必需的氨基酸，是新生儿最具营养价值的蛋白质来源。母乳喂养能增强婴儿的免疫力，这种作用是通过多种因素实现的，酪蛋白是其中一个重要的因素。

乳铁蛋白活性肽是从 LF 上被胃蛋白酶水解下来的 25 个氨基酸残基的多肽。中性粒细胞、巨噬细胞和淋巴细胞表面都有乳铁蛋白受体，而血清中的乳铁蛋白主要是由中性粒细胞释放出来的。中性粒细胞是含乳铁蛋白最多的细胞，在机体受感染时可以将乳铁蛋白释放出来，释放出的乳铁蛋白夺取致病菌的铁离子致使后者死亡。

乳铁蛋白在炎症反应、感染以及免疫中的作用至今尚缺乏明确的机制，目前研究已对中性粒细胞脱颗粒产生的乳铁蛋白对炎症免疫反应的作用做出了一定的设想。由于乳铁蛋白可与细胞表面酸性分子结合，它能与淋巴细胞、巨噬细胞等细胞结合从而防止它们受到由于组织损伤而释放的自由基对其的损伤。当乳铁蛋白与铁离子结合后，对蛋白酶的降解作用更具抵抗力，同时使病原微生物可利用的铁离子大为减少。此外这种更为稳定的铁离子乳铁蛋白复合物可随后对抗感染有关的基因进行转录环节的调节，或通过其他机制发挥抗感染作用。

2）胎盘免疫调节因子（placenta immuno regulating factor，PIF）

胎盘在中药中被称为紫河车，在我国入药已有上千年历史，《本草纲目》记载其具有益气养血、补肾益精之功效。现代医学研究表明胎盘中含有多种活性物质，包括各种类固醇激素、蛋白质和肽类激素、细胞因子、生长因子、单胺和胆碱类神经递质。胎盘免疫调节因子是刘月新等于1985年首先从健康产妇胎盘中提取到的一种主要成分为多肽的混合物。其后，许多学者对其理化性质、生物活性、临床应用做了大量研究。研究表明，PIF是一种正向免疫调节剂，可提高细胞免疫功能，对体液免疫也有较强促进作用，可以全面增强放疗、化疗或冷应激所致的免疫抑制动物的免疫功能；临床上，PIF常用于肿瘤及肿瘤放化疗的辅助治疗；病毒性感染，特别是用乙肝病毒标志阳性的胎盘提取的特异性胎盘免疫调节因子治疗乙肝获得了良好效果。

3）蜂毒肽

蜂毒成分复杂，含有多种肽类、酶类、生物胶，我国民间蜂针疗法，已广泛应用于风湿、类风湿、过敏性哮喘、神经痛等疾病的治疗，蜂毒所治疗的疾病中80%是免疫性疾病。近年来研究发现蜂毒中的肽类物质，可通过刺激垂体－肾上腺系统功能，使血液循环中的皮质醇激素含量明显持续升高，从而间接地影响机体免疫功能；它可以调节Th1和Th2细胞在机体免疫应答过程中的比例，即促使机体出现Th1和Th2的漂移，通过Th1类细胞增强机体细胞免疫功能。目前，其临床应用主要是采用蜂针疗法治疗类风湿性关节炎、过敏性哮喘、系统性红斑狼疮等在发病中Th2类细胞功能增强的疾病。今后，利用蜂毒对机体的免疫调节特性，蜂毒将有可能用来治疗细胞免疫功能低下、肿瘤及病毒感染等疾病。

4）胸腺肽类

1961年，继分别在小鼠和家兔中发现胸腺对于淋巴细胞的分化、成熟和免疫活性的获得有重要的作用后，许多学者相继从小牛、猪等胸腺或血清中分离得到胸腺肽混合物。胸腺肽类物质普遍具有双向免疫调节作用，能使过强的或受到抑制的免疫反应趋于正常。另外，低剂量可以增强免疫反应，而高剂量可以抑制免疫反应。

在临床上胸腺素家族被广泛应用于与免疫功能失调有关的疾病：自身免疫性疾

病，如系统性红斑狼疮、类风湿关节炎、重症肌无力、肾病综合征；病毒性感染，如乙肝、丙肝、流行性出血热、艾滋病（AIDS）；肿瘤、肿瘤放化疗的辅助治疗；其他疾病，如小儿支气管哮喘、老年人免疫功能低下、子宫糜烂等。

5）促吞噬肽

促吞噬肽是机体自然存在的免疫四肽，属于免疫球蛋白家族。1973 年 Naijar 等人工合成促吞噬肽并证实人工合成品与天然四肽具有相同的理化性质和生物学特性；由于脾切除以后这种物质明显减少，甚至消失，故认为这种物质是由脾脏产生的。

促吞噬肽不仅作用于中性粒细胞而且还作用于巨噬细胞、NK 细胞等，既有抗感染作用，又有抗肿瘤作用；目前国外已将人工合成的促吞噬肽用于某些晚期肿瘤及 AIDS 病的治疗，并取得了一定的疗效，大剂量使用也未见明显的毒副作用。

6）海洋活性肽

海洋胶原肽是以深海鱼的鱼肉为主要原料，采用生物酶法生产的小分子寡肽混合物（相对分子质量 200~1 000 Da）。研究显示其具有明显的免疫调节作用，对小鼠细胞免疫功能、体液免疫功能和巨噬细胞功能均有明显促进作用。

鲨鱼是海洋中最活跃的动物之一，其肝脏重量占内脏重量的 70%，具有很强的免疫活性。从鲨鱼肝脏中分离提取的鲨肝活性肽 S8300 是一种相对分子质量为 14.4 kDa 的单一多肽，纯度可达 90% 以上。实验证实这种活性肽具有明显的免疫调节作用，可显著提高环磷酰胺造成的免疫抑制小鼠的溶血素及血清 IL-2 水平，并促进溶血空斑形成。

从鳕鱼水解产物中得到的酸性肽组分为中等相对分子质量（500~3 000 Da）的活性肽，具有免疫刺激的活性。4 种来源于鲑鱼的酸性肽有刺激白细胞超氧阴离子产生的作用，通过增加活性氧代谢产物如超氧阴离子的产生，或通过增加巨噬细胞的吞噬活性和胞饮作用，来提高非特异性免疫系统的防御功能。

采用现代生物工程技术，从栉孔扇贝中提取的海洋寡肽，相对分子质量为 800~1 000 Da。经药理实验表明，其可显著增强免疫细胞的代谢和增殖，是一种有潜力的免疫细胞调节剂。

7）神经肽

免疫系统既有系统内的协调和制约，也与其他系统密切相关，其与神经内分泌系统的关系更为密切，称为神经免疫调节。人们发现许多神经递质直接或间接地对免疫系统起着作用，如 P 物质、血管活性肠肽、神经肽 γ、阿片肽等神经肽都具有正向或负向免疫调节作用。

8）其他

动物来源的免疫调节肽非常多。例如从豹蛙皮肤提取物中分离出的一种具有免疫调节功能的 18 肽，被命名为亮氨酸精氨酸多肽（pLR），是迄今为止发现的一种最有效的、天然的非细胞裂解性组胺释放多肽，比活性组胺释放肽——蜂毒肽的效力还高两成，并且在粒细胞生成原始粒细胞和肥大细胞中都发挥着相应的生物活性。尿毒素三肽（urotoxin tripeptide，UTP）UTP-A、UTP-B 和 UTP-C 是从慢性尿毒症患者的体液中分离得到的活性肽，这些肽对免疫系统有明显的抑制作用，对淋巴细胞及绵羊红细胞形成的玫瑰花环也有抑制作用。其他的动物来源的免疫调节肽还有转移因子、脾素、蝎毒肽、扇贝肽、虫草环肽 A、鳙鱼肽等，它们大多都具有免疫增强作用。

（四）免疫调节肽在保健食品中的应用

人体的免疫系统是机体抵御外来细菌、病毒、化学毒物侵犯的一个重要防御系统。它由两部分组成：细胞免疫与体液免疫。

免疫调节肽有内源性和外源性两种。内源性肽主要包括干扰素、白细胞介素和 β - 内啡肽等，它们是激活和调节机体免疫应答的中心。外源性、免疫活性肽主要来自人乳和牛乳中的酪蛋白、海洋生物蛋白、细菌和微生物蛋白等。免疫调节肽具有多方面的生理功能，它不仅能增强机体的免疫能力，在动物体内起重要的免疫调节作用；而且还能刺激机体淋巴细胞的增殖和增强巨噬细胞的吞噬能力，提高机体对外界病原物质的抵抗能力。此外，外源阿片肽中的内啡肽、脑啡肽和强啡肽也具有免疫刺激的作用，能刺激淋巴细胞的增殖。

肽类物质是对机体免疫系统最敏感、最直接的一种调节剂，免疫调节肽是维持免疫细胞功能的核心物质，以细胞免疫中最重要的淋巴细胞为例，当受抗原细胞的活化后，它能迅速增殖并合成大量的抗体，对活性肽类的需求迅速增加，但体内储存的肽类物质是有限的，不能满足需求。而在这时补充外源性免疫调节肽能及时提供淋巴细胞活化所需的能量和原料物质，从而产生大量的免疫细胞和抗体，使机体的免疫力迅速提高。外源性免疫调节肽可促进淋巴细胞的增生，增强巨噬细胞的吞噬活性和杀伤能力。在年老体弱、疾病状态及营养不良致使机体免疫功能受到抑制时，补充免疫调节肽可使机体恢复正常的免疫功能。人体在特定的生理条件下（如外科手术、败血症、烧伤等）补充外源性蛋白肽，不仅可增强机体的免疫功能，更有助于维持细胞和体液的免疫应答，还能解除免疫抑制。

　　大豆活性肽能够增强小鼠的迟发型变态反应，具有增强细胞免疫功能、体液免疫功能和单核－巨噬细胞吞噬功能等作用。由于这种大豆蛋白活性肽的相对分子质量较小，具有容易吸收、运输速度快等优势，其既可以用于功能食品和保健食品的开发生产，也可作为原料、添加剂或中间体，广泛应用于发酵、制药、食品、化妆品、饲料及植物营养剂等行业。由大豆活性肽开发研制的增强免疫力保健食品在我国已屡见不鲜。

　　免疫调节肽以非活性形式隐藏于酪蛋白的氨基酸序列中，在适当条件下可以被释放出来，发挥其生理学活性。采用生物酶解工程技术对酪蛋白进行酶解，可大大降低活性肽的生产成本，使其工业化生产成为可能。采用免疫学方法，通过体外和体内实验，对来源于食品级原料的酪蛋白水解肽进行免疫调节功能评估，充分证实了其免疫效果，为酪蛋白酶解产物在保健食品工业中的安全应用提供了科学依据。乳源性酪蛋白免疫调节肽是以我国资源丰富而利用程度相对较低的干酪素作为原料，采用来源广泛、成本较低的微生物蛋白酶酶解技术获得的生物活性肽，大大提高了干酪素的价值以及我国乳制品科技含量，丰富了产品种类，是免疫调节型保健品的研制开发的新型功能性基料，具有巨大的经济效益和社会效益。

三、活性肽在增加骨密度类食品中的应用

（一）增加骨密度保健食品的概况

　　增加骨密度保健食品是在日常食品基础上，添加具有增加骨密度功能的活性物质，或以具有增加骨密度作用的活性物本身辅以适当的载体制成的。目前已证实的具有增加骨密度作用的物质包括：①矿物质和微量元素类；②黄酮类；③蛋白质、氨基酸和肽类；④激素类；⑤中药提取物类（葛根素等）。就目前市场产品类型来看，增加骨密度的保健食品大体分为两类：一类是含钙的，通过直接补充钙质而达到增加骨密度目的的保健食品；另一类是不含钙或者不以补钙为目的，而是通过调整内分泌而促进钙的吸收从而达到增加骨密度目的的保健食品（如大豆异黄酮类等）。

（二）增加骨密度保健食品的检测方法

　　增加骨密度功能的检验主要为动物实验。增加骨密度功能检验方法根据受试样品作用原理的不同，分为以补钙为主的受试物增加骨密度的功能检测和不含钙或不以补

钙为主的受试物增加骨密度的功能评价两种。

以补钙为主的受试物的功能检测：机体中的钙绝大部分储存于骨髓及牙齿中，大鼠若摄入钙量不足会影响机体和骨髓的生长发育，表现为体重、身长、骨长、骨重、骨钙含量及骨密度低于摄食足量钙的正常大鼠。生长期大鼠在摄食低钙饲料的基础上分别补充碳酸钙（对照组）或受试含钙产品（实验组），比较两者在促进机体及骨髓的生长发育、增加骨矿物质含量和增加骨密度的作用，从而对受试样品增加骨密度的功能进行评价。

不含钙或不以补钙为主的受试物的功能检测：雌性成年大鼠切除卵巢后，骨代谢增强，并发生骨吸收（破骨）作用大于骨形成（成骨）作用的变化。这种变化表现为骨量丢失，经过一定时间的积累，可以形成骨密度降低模型。在建立模型的同时或模型建立之后给模型实验组大鼠补充受试样品，通过受试物抑制破骨或促进成骨等骨代谢调节作用，观察其增加骨密度及骨钙含量的效果，从而对受试样品增加骨密度的功能进行评价。

（三）增加骨密度活性肽的研究

增加骨密度活性肽主要是指具有促进矿物质（钙）吸收的活性肽类。这类活性肽又以酪蛋白磷酸肽为主。酪蛋白磷酸肽（CPP）是牛乳酪蛋白水解而得的一种多肽，能促进钙的吸收和利用。它的发现为提高钙的吸收效率开辟了一条新的途径。

酪蛋白是牛乳蛋白质中的主要成分，约占80%，它本身就是一种含磷蛋白质，而且酪蛋白是一种非常不均一的混合体，主要由 αs-酪蛋白、β-酪蛋白、κ-酪蛋白、γ-酪蛋白组成，其比例大致为 34∶8∶33∶9。

无机钙等矿物质的吸收，必须以可溶性状态由小肠吸收，即钙必须以离子的形式才能被吸收，而钙等无机盐离子在中性和弱碱性的环境下易与酸根离子形成不溶性盐而流失，小肠下段的 pH 值为中性至弱碱性，容易使无机钙等矿物质形成不溶性沉淀而影响其吸收。而 CPP 对钙等无机盐离子吸收的促进作用主要表现为在中性和弱碱性环境下能与钙结合，抑制不溶性沉淀的生成，从而避免钙等无机盐离子的流失。最终可因游离钙浓度的提高而促进钙的被动吸收。

此外，CPP 还具有促进骨髓对钙利用的作用。将切除卵巢的大鼠作为绝经期后骨丢失的动物模型，然后在大鼠饲料中加入 CPP 喂养 17 周后，发现大鼠的股骨骨矿物质密度没有变化，而对照组中大鼠的骨密度则迅速下降。另外，在大鼠的股骨上安装一种能引起骨丢失的装置，然后将大鼠分成饲料中加 CPP 的实验组和不加

CPP 的对照组，喂养 14 d 后，对照组大鼠股骨骨量比 CPP 组明显减少。分析认为这可能是由于 CPP 促进了钙的吸收和利用，从而间接减弱破骨细胞作用及抑制骨吸收所致。

CPP 可以促进牙齿对钙的利用：世界上许多地方的居民有餐后咀嚼乳酪的习惯，而流行病学调查显示这种习惯有助于防止龋齿的发生。原先人们认为这可能是由于咀嚼乳酪能刺激唾液的分泌，而唾液的碱性环境能缓冲牙斑上的酸性物质对牙轴质的腐蚀，而且大量的唾液又起到稀释作用。但近年来大量的研究发现，乳酪中含有的 CPP 能将食物中的钙离子结合在龋齿处，减轻釉质的去矿物化，从而实现抗龋的作用。

此外，CPP 还能减少精子的变异程度而使胚胎发育更加稳定。而且，研究发现 CPP 的致敏性很小，能够适用于对牛奶过敏的体质。除了牛乳以外，其他天然动植物蛋白中也可能含有与 CPP 类似的多肽成分，最新的研究显示，来源于海洋鱼类蛋白的酶解产物同样具有增加骨矿物质含量、增加骨密度的作用。

（四）生物活性肽在增加骨密度保健食品中的应用

目前，全世界大约有 2 亿人患有骨质疏松；我国 60 岁以上老人 80%患有骨质疏松，其中以老年妇女发病率最高。随着老龄社会的到来，骨质疏松和骨质疏松性骨折正严重地威胁着老年人的身体健康，许多人因此而长期遭受肉体上的痛苦，甚至是伤残的折磨。目前骨质疏松已成为全球性的公共卫生问题，对其防治的研究工作显得极为重要和迫切。

CPP 是从天然蛋白质中提取的多肽，具有不良反应小、安全可靠的优点，能提高钙、铁、锌、镁等金属离子的生物利用率，被称为具有金属载体功能的肽类物质。但应该注意的是，CPP 单独使用的意义不大，只有与钙等配合使用才可以促进钙的吸收，起到促进骨髓生长、改善贫血等功效，例如对闭经后的老年女性，可以防治其骨质疏松，对骨折患者可以缩短恢复期等。采用补钙与 CPP 有机结合研制的新型保健食品将在增加骨密度领域有着广阔的应用前景。关于钙与 CPP 的配合比例，要根据不同 CPP 的结构而定。粉末状的 CPP 常温下稳定性好，但当用于高温（180 ℃）焙烤的食物时，可以考虑在食品加工后期添加 CPP，以避免 CPP 受高温作用而影响其生理功能的发挥。对于饮料等其他保健食品剂型而言，CPP 的应用一般没有什么问题。

目前，日本已将 CPP 应用于儿童咖喱饭、口香糖、饮料等食品和保健品中。它在儿童佝偻病、老年人骨质疏松、不育症的防治和牙齿的保健等方面具有广阔的药用前景。由于影响 CPP 作用的因素比较复杂，因此需要对 CPP 在钙代谢整个过程中的作用进行更深入的研究。此外，选用更简便的制备工艺以适应大规模生产的需要，提高稳定性等一系列问题都值得进一步探讨。

四、活性肽在缓解体力疲劳类食品中的应用

（一）抗疲劳功能食品概况

随着现代生活节奏的加快，社会竞争的加剧，工作、学习的压力不断增加，使得疲劳成为困扰很多人的健康问题。也正因如此，具有缓解疲劳，抗疲劳作用的保健食品应运而生。这些产品大致可分为几类：第一类是补充能量，通过补充运动中所消耗的营养素来达到维持机体正常生理功能、解除疲劳的目的；第二类是补充人体必需的维生素和微量元素；第三类是通过提高机体器官的功能，特别是循环系统的功能，加速体内代谢物质的清除、排出，来达到抗疲劳目的。但是，疲劳的发生是多种综合因素导致的，各个环节紧密相连，仅仅是针对其中某一个环节来抗疲劳是不全面的。目前的抗疲劳保健食品的开发也在趋向于向缓解体力疲劳以外的功能拓展。

（二）疲劳产生的机制

无论是从事以肌肉活动为主的体力活动，还是以精神和思维活动为主的脑力活动，经过一定的时间和达到一定的程度都会出现活动能力的下降，表现为疲倦或肌肉酸痛或全身无力，这种现象就称为疲劳。疲劳的症状可分一般症状和局部症状。当进行全身性剧烈肌肉运动时，除肌肉的疲劳以外，也出现呼吸肌的疲劳，心率增加，心悸和呼吸困难。由于各种活动均是在中枢神经控制下进行的，因此，当工作能力因疲劳而降低时，中枢神经就要加强活动来进行补偿，逐渐又陷入中枢神经系统的疲劳。

疲劳时由于能量消耗增加，必然使机体的需氧量增加，在运动或劳动的过程中需氧量是否能得到满足，取决于呼吸器官及循环系统的功能状态，为了提供大量的氧、输送营养物质、排出代谢物和散发运动过程中产生的多余热量，心血管系统和呼吸系统的活动必须加强，此时心率加快，每分心输出量由安静状态下的 3~5 L 增加到 15~25 L，血压升高，特别是收缩压升高更为明显，呼吸次数由每分钟 14~18 次增加至 30~40 次，甚至 60 次，肺通气量也发生很大变化，可由安静时的每分钟

6~8 L 增至 40~120 L。

总之，疲劳时的生理生化本质是多方面的，如体内疲劳物质的蓄积，包括乳酸、丙酮酸、肝糖原、氮的代谢产物等；体液平衡的失调，包括渗透压、pH 值、氧化还原物质间的平衡等。

（三）抗疲劳产品的评价方法

目前，国家对"抗疲劳"功能的检验方法是结合两项运动实验和三项生化指标的结果判定。两项运动实验是小鼠负重游泳实验和小鼠爬高实验，三项指标是血乳酸、血清尿素氮和肝糖原含量。

（四）生物活性肽在抗疲劳产品中的应用

机体在运动过程中，蛋白质合成受到抑制，同时骨髓肌蛋白降解、氨基酸氧化和葡萄糖异生作用增加，使得体内蛋白质利用增加，骨髓肌产生损伤，能量代谢物质减少，从而影响运动能力的发挥。为了快速消除疲劳，维持或提高运动能力，增强肌肉含量和力量，人们尤其是运动员有必要在运动后及时地从体外补充蛋白质，弥补体内蛋白质的消耗，以免造成骨髓肌蛋白质的负平衡。研究表明很多活性肽可以有效改善疲劳的症状，可广泛应用于抗疲劳功能食品。

（五）补充生物活性肽抗疲劳的原理及适宜时机

运动时体内热量的消耗 4%~10% 是由破坏蛋白质来提供的。而体内不储藏蛋白质，且不能合成氨基酸，同时发生了蛋白质合成的抑制，肌肉蛋白质降解、氨基酸氧化及葡萄糖异生作用的增加，导致体内蛋白质利用的增加。所以必须及时地从外部补充氨基酸，以免造成肌肉蛋白的负平衡而使肌肉疲劳。活性肽在肌肉组织中氧化脱氨，一方面生成相应的 α-酮酸进入三羧酸循环而氧化供能；另一方面，脱下来的氨基与丙酮酸或谷氨酸偶联，促使丙氨酸和谷氨酸酰胺的形成，从而提供能量物质。在特殊的应急情况下，可直接向肌肉提供能源。因此，运动前、中、后蛋白质的增加或补充，均可以补充体内蛋白质消耗。由于肽易于吸收，能迅速利用，从而抑制或缩短了体内"负氮平衡"的作用，尤其是运动前和运动中。生物活性肽的添加还可减少肌蛋白降解，维持体内正常蛋白质合成，减轻或延缓由运动引发的其余生理方面改变，达到抗疲劳效果。通常在运动 15~30 min 之后以及睡眠后 60 min 时刺激蛋白质合成的激素分泌达到顶峰，若能在这段时间内适时提供消化、吸收性良好的生物活性肽,将会对肌肉力量的增加非常有效。

(六)生物活性肽抗疲劳功能食品的市场前景

在人们出现疲劳,而又无法通过适当休息缓解的时候,不少人试图以抽烟、喝茶等方式消除疲劳。但抽烟有害健康,喝茶受条件限制,且抗疲劳的作用并不十分理想。因此,具有较高科技含量的抗疲劳功能食品,有一定的市场价值。抗疲劳功能食品在保健食品市场中占据着相当大的份额,如上海市2005年第一季度的统计数据显示,抗疲劳功能食品在上海市保健品市场中占据23.2%,位列第一。

目前,生物活性肽类饮料已成为西方流行的功能性饮料,其既可以解渴和补充水分,又能为人体提供所需的蛋白肽。这类产品,尤其是大豆蛋白活性肽运动饮料在欧美和日本等发达国家比较流行,在市场上占据着不可忽视的份额。据了解,全世界运动饮料的年产量已达3亿t,并以每年16%的速度增长,美国运动饮料的消费量占软饮料总消费量的24%,我国为14%。这说明运动饮料在我国同样有着巨大的市场前景。在运动饮料中添加大豆蛋白活性肽,正适应了当代人及时补充运动消耗的各种营养素的需求,同时可起到提高机体免疫力、抗疲劳、快速恢复体力等保健作用。饮用添加大豆蛋白活性肽的运动饮料,能使饮用者在吸收各种营养成分的同时,减少对供能物质的摄入量,长期饮用可明显增强体力和耐力。还可使饮料中的其他微粒成分均匀地分布在溶液中,不易产生沉淀和分层现象。

五、活性肽在美容类食品中的应用

(一)皮肤衰老的表现

衰老是指随年龄增长机体发生的功能性和器质性衰退的渐进过程。皮肤位于体表,是最能显现机体衰老的组织。衰老皮肤在表皮的表现为细胞渐呈扁平,表皮与真皮交界平坦,表皮与真皮结合不够紧密,皮肤易受外力损伤形成水泡。角质形成细胞(角朊细胞)增大,部分角化不全,轮廓较模糊,活力下降,细胞间连接疏松,水合能力下降。老年人皮肤含水量仅是正常年轻人的75%,因此常表现为皮肤干燥。真皮结构的改变是皮肤衰老的主要原因。衰老真皮厚度变薄,密度降低。超声波或直接测量都提示20岁以后皮肤厚度呈线性减少,真皮层纤维细胞数量逐渐减少,胶原总含量每年减少1%,胶原纤维变粗,出现异常交联;同时,密度增大,不易被胶原酶所分解。衰老皮肤的许多代谢酶类活性下降，透明质酸和硫酸盐类减少，对化学物质清除力下降；老化皮肤血管相对减少，微循环减弱，调节温度能力下降；皮肤朗格汉斯（Langerhans）细胞减少，免疫能力下降，易患感染性疾病。老化皮肤黑色素细胞数目明显下降，暴露于阳光下易受损伤；脂褐质明显增加，呈现出老年斑和其他局部色素性改变。老化皮肤皮脂腺与汗腺萎缩，分泌减少，出汗反应降低；皮肤表面的乳化物不足，角质层水合能力减弱，致使皮肤粗糙、干裂。

（二）皮肤衰老的机制

皮肤衰老是一个漫长而复杂的演变过程。关于皮肤衰老机制研究的类型比较多，有代表性的有：皮肤衰老基因调控学说、皮肤衰老的自由基学说、皮肤衰老的代谢失调学说、皮肤衰老的光刺激老化学说等。

1. 基因对皮肤衰老过程的调控

基因对皮肤衰老过程的调控机制十分复杂，包括许多调节序列，基因的增强和抑制因子及其他因素引起的基因改变等，基因的特性影响着整个细胞的功能并调节着细胞的衰老进程。皮肤衰老主要是皮肤细胞染色体 DNA 及线粒体 DNA 中合成抑制物基因表达增加，许多与细胞活性有关的基因受抑制，及氧化应激对 DNA 的损伤而影响其复制、转录及表达的结果，故基因调控是皮肤及其细胞衰老的根本。另有研究证明：皮肤衰老与真皮胶原蛋白的含量和性质有关，随着年龄增加，控制 DNA 合成的抑制物增多，致使 rRNA、tRNA、mRNA 含量逐渐下降，蛋白质合成进一步减少，胶原量减少并老化。同时，随着年龄增加，细胞对 DNA 变异或缺损的修复能力下降，从而导致细胞衰老、死亡。

2. 皮肤衰老的自由基学说

Harman（1956）提出了衰老的自由基学说。自由基具有极强的氧化能力，可使生物膜中不饱和脂类发生过氧化，形成过氧化脂质，其中间产物丙二醛（MDA）是强的交联剂，与蛋白质、核酸或脂类结成难溶性物质，导致生物膜硬化，通透性降低，影响细胞物质交换，继而使之破裂、死亡。随着年龄增加，体内的这些抗氧化酶类减少，防护功能减退或发生障碍，因此自由基累积增加，造成皮肤细胞内各种大分子损伤，从而导致皮肤失去弹性、柔韧性，出现皱纹、干燥、角化、无光泽和黑色素、脂褐素过量沉积。

3. 皮肤衰老的代谢失调学说

该学说认为生物机体衰老的规律性是通过细胞代谢过程来表达的。研究证明：无论内在或外来因素导致的机体代谢障碍，均可促进细胞衰老而导致机体衰老。实验证明：改善动物的代谢功能，可延缓衰老的发生。年龄相关性抗氧化研究的重点在于抑制线粒体产生活性氧的能力，通过代谢途径给予富含抗氧化物质的饮食，能有效防止线粒体的氧化和后续级联反应。

4. 皮肤衰老的光刺激老化学说

裸露于体表的皮肤对日光中紫外线（UV）所造成的皮肤"光刺激老化"最为敏感。研究证明：光照作为一种刺激，在照射早期，成纤维细胞由合成胶原纤维转而合成弹性纤维；照射中期，网状纤维增生，新合成胶原纤维增多。又因为 UV 引起炎性浸润，浸润的单核巨噬细胞、中性粒细胞释放蛋白水解酶，使成熟胶原进一步减少。另外，真皮弹力纤维吸收发生弹力蛋白变性，纤维增粗，聚集成团，这样就呈现"光刺激老化"的增生表现。晚期则呈现"萎缩"状态。

（三）胶原蛋白肽在美容产品中的应用

胶原蛋白肽是胶原或明胶经蛋白酶降解处理后制成的，具有较高的消化吸收性，相对分子质量小，拥有多种胶原蛋白所不具备的生物活性，是目前人们研究开发的热点，具有很高的营养特性和加工特性。

胶原蛋白肽可给予含有胶原蛋白的皮肤层所必需的养分，使皮肤中的胶原蛋白活性加强，保持角质层水分以及纤维结构的完整性，改善皮肤细胞生存环境和促进皮肤组织的新陈代谢，增进循环，达到滋润皮肤、延缓老化、美容、消皱、养发的目的。胶原蛋白肽具有独特的修复功能，胶原蛋白和周围组织的亲和性好，具有修复组织的作用。由于胶原蛋白肽中含有大量的亲水基，使之具有了良好的保湿功效，能够达到保持肌肤润泽度的目的。胶原蛋白肽相对分子质量小，其不同肽段的肽链没有相互交联，而是呈线性结构，使得皮肤对胶原蛋白肽有很好的吸收作用。

由于胶原肽具有良好的渗透性，在化妆品中添加胶原肽，可被皮肤吸收，填充在皮肤基质之间，使皮肤丰满，具有弹性。随着年龄的增长，皮肤的结构也在发生变化，老化的皮肤更容易干燥。鱼蛋白是一种可以口服的由深海鱼类中精炼的鱼蛋白提取物，含有大量的黏多糖及丰富的胶原蛋白，被称为"可以吃的化妆品"。穆源浦等学者研究了鱼蛋白对人体皮肤水分、油分的调节，证实鱼蛋白具有保持皮肤水分的作用。胶原分子外侧亲水基团羧基与羟基等的大量存在，使胶原分子极易与水形成氢键，因此胶原蛋白及多肽具有良好的保水保湿性能。近年来研究表明，胶原肽具有明显改善与老化相关的胶原合成低下作用。动物实验也表明胶原多肽具有促进胶原合成，促进皮肤胶原代谢的作用。

人胶原是新一代生物美容材料，它是从健康人体（如胎盘）中提取的胶原蛋白，经化学纯化，不含细胞及组织相容性抗原，不会诱发抗体和免疫反应，从而更为安全。近年来，英美等国采用注射性胶原来整复面部软组织的各种损伤，如疮痕、水痘痕、衰老引起的面部皱纹。我国研制的这种胶原注射剂已广泛应用于美容界，在延缓皮肤衰老、重建受损肌肤等方面取得了良好的效果。美容胶原与人体组织的亲和性很好，有利于自身组织的修复再生。实验证明，当注射胶原蛋白几周后，体内成纤维细胞、脂肪细胞及毛细血管向注射的胶原蛋白内移行，组合成自身胶原蛋白，从而形成正常的结缔组织，使受损老化的皮肤得到填充和修复，达到延缓皮肤衰老的目的。

六、活性肽在减肥类食品中的应用

（一）肥胖的现状及危害

肥胖症是指机体由于生理生化机能的改变而引起体内脂肪沉积量过多，造成体重增加，导致机体发生一系列病理生理变化的病症。一般的成年女性，若身体中脂肪组织超过 30% 即定为肥胖；成年男性脂肪组织超过 20%~25% 为肥胖。近年来，肥胖症的发病率明显增加，尤其在一些经济发达国家，肥胖者剧增。即使在发展中国家，随着饮食条件的逐渐改善，肥胖患者也在不断增多。据世界卫生组织统计报道，目前全世界的超重人口总数已达到 10 亿人，3 亿人肥胖。而中国肥胖者也远远超过 9 000 万人，超重者高达 2 亿人。以中国目前人群中肥胖者的增长速度预测，未来 10 年中国肥胖人群将会超过 2 亿人，正在迅速地赶上西方国家。

研究表明，肥胖与 20 多种疾病有关，如心脑血管疾病、糖尿病、肿瘤、胆囊疾病、呼吸功能障碍、性功能障碍、不育、骨关节病、肾病和内分泌疾病等。此外，肥胖还使人运动能力和耐力下降、寿命缩短等。肥胖是脂肪肝、高蛋白血症、动脉硬化、高血压、冠心病、脑血管病的基础。肥胖者比正常者冠心病的发病率高 2~5 倍，高血压的发病率高 3~6 倍，糖尿病的发病率高 6~9 倍，脑血管病的发病率高 2~3 倍。肥胖使躯体各脏器处于超负荷状态，可导致肺功能障碍（脂肪堆积、肺活量减小）；骨关节病变（压力过重引起腰腿病）；还可以引起代谢异常，出现痛风、胆结石、肝脏疾病及性功能减退等。肥胖者死亡率也较高，而且寿命较短，易发生骨质增生、骨质疏松、内分泌紊乱、月经失调和不孕等，严重时会出现呼吸困难。据报道，各个历史时期的最肥胖者的寿命都没有超过 40 岁。

　　肥胖对人们健康的伤害已经越来越严重。选择健康的生活方式以防止肥胖的发生，开发健康的具有减肥功能的保健食品，使肥胖和超重者进行有效的减肥，已成为人们关注的焦点。

（二）减肥功能检验方法

　　《保健食品检验与评价技术规范》中规定减肥功能的检验方法包括动物实验和人体试食实验。动物实验是以高热量的食物诱发动物肥胖，建立肥胖模型，再给予受试物，或在给予高热量食物的同时给予受试物（预防肥胖模型），观察动物体重、摄食量、食物利用率、体内脂肪重量及脂肪/体重比。实验组的体重和体内脂肪重量，或体重和脂肪/体重比低于模型对照组，差异有显著性，摄食量不显著低于模型对照组，可判定受试物动物减肥功能实验结果阳性。

　　人体试食实验的受试对象为单纯性肥胖人群，成人 BMI≥30 kg/m²，或总脂肪百分率达到男>25%，女>30%的自愿受试者。儿童及青少年实测体重超过标准体重的 20%。受试者食用样品 35 d（必要时延长至 60 d）后，观察体重、体内脂肪含量的变化及机体健康有无损害。

（三）生物活性肽在减肥产品中的应用

1. 大豆肽在减肥功能食品中的应用

　　肥胖是由于过度能量摄入使机体生理机能改变，造成体内脂肪沉积量过多、体重增加而进一步引发一系列病理生理变化的病症。研究发现摄食蛋白质比摄食脂肪和糖类更能促进能量的代谢，因而在保证足够蛋白质摄入的基础上，将其余能量降至最低，可以在保证减肥者体质的前提下达到科学减肥的目的。大豆肽能够活化交感神经，引起脏器褐色脂肪功能的激活，阻止脂肪吸收和促进脂质代谢，使人体脂肪有效地减少，阻止脂肪吸收和促进脂质代谢，减少皮下脂肪。因此在保证足够肽摄入的基础上将其余能量组分降至最低，既可达到减肥的目的，又能保证减肥者的体质。

　　大豆肽的摄入保证了减肥者的氮平衡。由于肽在小肠的吸收性优于氨基酸，同时大大优于大分子的蛋白质，减肥患者通过改变机体代谢以利用贮存的脂肪，在减少脂肪摄入的同时，减少糖的摄入，促使体内的三羧酸循环，加快脂肪的利用以便供给机体能量。

因大豆多功能肽易于吸收，能迅速利用，抑制或缩短了体内"负氮平衡"的副作用。在运动前或运动中，大豆肽的添加还可以减轻肌蛋白降解，维护体内正常蛋白质合成及减轻或延缓由运动引发的其余生理方面的改变，达到抗疲劳的效果。同时可用于运动员体重控制，不仅能阻碍脂肪的吸收，而且还可促进"脂质代谢"。这对于从事对体重有特别要求的运动，如拳击、举重、摔跤等运动员的体重保持具有特别重要的意义。

2. 酪酪肽与减肥

酪酪肽（peptide YY）是一种由肠 L 细胞分泌的胃肠肽激素，与神经肽及胰多肽共同组成 pp 家族。酪酪肽对消化道有多重调节功能，包括影响消化道运动，抑制肠黏膜，刺激肠上皮细胞增生等。通过神经内分泌的途径或在消化道内直接与靶细胞的相应受体结合，再激发细胞内的一系列信号传导，从而完成其生理调节功能。

在循环系统中，酪酪肽以酪酪肽 3-31 和酪酪肽 3-36 两种形式存在，而且酪酪肽 3-36 可以顺浓度梯度通过血脑屏障。酪酪肽主要是通过 Y 受体发挥功能，Y 受体是 G 蛋白偶联受体。进食后，酪酪肽释放进入血液循环，浓度不断上升，一两小时达到稳定状态并在这一水平持续保持上升趋势。多数研究都表明酪酪肽的浓度与摄入食物的卡路里成正比。研究发现，酪酪肽的浓度还与食物的成分有关。其释放受中枢调控，很可能是迷走神经的作用。

动物实验研究发现，酪酪肽能急剧降低啮齿类动物食欲。据报道，给鼠注射酪酪肽，在给食组和非给食组发现 24 h 内食欲都降低。另有研究证实，腹腔注射酪酪肽 3-36，4~5 h 后动物食欲明显被抑制。人体实验也证实酪酪肽 3-36 对人体有抑制食欲的效果，给正常体质量和肥胖患者静脉注射酪酪肽 3-36 2 h 后，显示进食量减少了 30%，在注射后 24 h 内总热量的摄入明显减少，在注射 3 h 后胃还没有排空。尽管患有肥胖症的受试者酪酪肽的水平低，但注射酪酪肽后对他们仍然有抑制食欲的效果。动物实验和人体实验均提示，提高血液中酪酪肽的浓度，就可以达到抑制食欲、减少进食，实现减肥的目的。

3. 胰高血糖素样肽-1 受体激动剂与减肥

胰高血糖素样肽-1 受体激动剂（exendin-4）是一种从 Gila 毒蜥蜴的唾液中提取的含 39 个氨基酸的多肽。动物实验表明，应用 exendin-4 的动物体重明显低于对照组，但摄食量没有显著性差异，给药组动物肾周脂肪含量减少，说明 exendin-4 可能通过抑制脂肪细胞的增生从而影响脂肪的沉积。

第四章 多肽在医药方面的应用

第一节 多肽在医药方面发展简述

一、多肽药物的研发历程

一个多世纪前 Emil Fischer 首先开创了多肽化学。但一直到近代，才在阐明比较复杂的多肽分子结构和多肽的合成技术方面取得进展，为多肽发展成为药物铺平了道路。1953 年 Vigneaud 应用片段缩合技术成功地合成了第一个多肽药物催产素（Oxytocin），至 1977 年有 9 个多肽用于 15 个药物中正式上市。在 80 年代 AstraZeneca 公司的 Zoladex 是促黄体激素释放素 LHRH 拮抗剂的一个杰出代表，此药现在仍然广泛地用于治疗前列腺癌，近年还被批准用于其他临床指征。在 80 年代，多肽稳定性差和生物利用度低是个问题，如何开发合适的制剂成为多肽药物研发的瓶颈。1995 年由 32 个氨基酸组成的多肽降钙素（Calcitonin）鼻喷剂开发成功并上市用于治疗骨质疏松症，但是生物科技公司和制药企业仍然认为给药途径和生物利用度是多肽成为药物的主要障碍。另一方面，对一些药物靶点的结构分析中发现配体（Ligand）在化学复合体中占据了较大的表面区域，使得有用的小分子药物不容易被发现。因此，Amgen 和 Genentech 等生物科技公司就致力于研究某些药物靶点，经过努力他们成功地开发出了抗体和蛋白类治疗药物，这些药物可以用基因重组技术进行生产。蛋白类治疗药物投入市场后取得了较快的销售增长。但是，这些巨分子化合物存在异质性的问题（因糖基化方式有差异性）和不希望有的免疫原性。多肽合成和纯化技术已取得较大的进步，能常规地合成较大的多肽。在 90 年代初，S. Kent 将原始的化学连接方法运用到蛋白合成中，从而把多肽合成的范围扩展到生产小分子蛋白。这种技术不同于经典的片段缩合，不需要在连接的片段上加上保护基团，这是一种可以在中性 pH 条件下进行连接的有效方法，只要把带有 C 端的硫酯（Thioester）溶液与含有带 N 端半胱氨酸（Cys）残基的多肽溶液混合即可。除了在比较经典的多肽合成方面取得进展以外，用化学方法来生产蛋白的研究兴趣促使人们致力于寻找其他的化学反应，奇怪的是至今这些技术在系统的研究开发合成蛋白药物中还没有获得广泛运用。本章总结了在多肽药物领域中近年来的发展，对于多肽结构分子研究的进展趋势做一个全面的回顾。除了讨论对于临床应用有重要意义的分子结构外，本章还讨论与多肽有关的生物科技公司和制药企业将来的发展趋向。

二、多肽在医药方面的应用现状

氨基酸是蛋白质的基本单位，两个以上的氨基酸缩合形成肽链（polypeptide chain）。蛋白质是机体内最重要的一类生物大分子，目前被广泛地作为药物用于疾病的治疗。但是，蛋白质类药物也有缺点，如相对分子质量大、制备困难、存在抗原性、体内易降解等。令人惊喜的是，人们发现某些相对分子质量较小的多肽同样具有类似蛋白质的活性，且功能更显著。随着对这类生物活性多肽的进一步研究，已为新药的研制和开发提供了一个新的途径。

蛋白质和多肽之间在相对分子质量上并无明确的区分，习惯上将胰岛素视为多肽和蛋白质的界限。也有人将相对分子质量小于 10^4（或 2×10^4）的氨基酸链称为多肽。目前生物医学在人体中已发现了 1 000 多种具有活性的多肽，仅脑中就存在近 40 种，它们在生物体内的浓度很低，血液中一般仅有 $10^{-12} \sim 10^{-9}$ mol/L，但生理活性很强，在神经、内分泌、生殖、消化、生长等系统中发挥着不可或缺的生理调节作用。人们比较熟悉的有谷胱甘肽（3 肽）、催产素（9 肽）、加压素（9 肽）、脑啡肽（5 肽）、β-内啡肽（31 肽）、P 物质（10 肽）等。

作为药用的肽，通常是由几个到二十几个氨基酸组成的比较短的多肽。开发和发展内源性活性物质作为治疗疾病的药物具有重要的实用价值，因为它是最符合人体生物学调节规律的治疗手段，可以避免许多其他类型药物给人体带来的不良反应。目前，全世界已经应用于临床的多肽类药物有几十种，包括人们熟知的胰岛素、胸腺肽、抗艾滋病新药 T20 以及肽类激素等。近几年蛋白质/多肽类药物市场的发展速度惊人，年增长率达 24%，与增长率仅为 9% 的总体医药市场相比，该领域令人注目。鉴于多肽生物活性高，一些肽在人的生长发育、细胞分化、大脑活动、肿瘤病变、免疫防御、生殖控制、抗衰防老及分子进化等方面又具有极其特殊的功能，多肽类药物的研发自然成为近年生命科学的一大热门领域。

（一）多肽药物的优势

多肽药物是近年来世界新药研究开发的热点，也是我国生物医药研究的重点方向之一。与传统药物相比，多肽药物具有以下明显优势。

（1）活性高。在很低的剂量和浓度下即可表现出显著的高活性。

（2）相对分子质量小。相对蛋白质而言易于人工化学合成，方便进行结构改造。

（3）合成效率高。近年来技术的进步使多肽的固相合成变得简单，过程自动化，易于控制。

（4）副作用小。由于许多多肽药物采用与人同源的序列，加之相对分子质量小，无抗原性，不易引起免疫反应。

（二）常见多肽药物分类

生物技术的发展极大地促进了多肽、蛋白药物的研制开发，目前已有 40 种以上重要的治疗药物上市，700 多种生物技术药物正进行 I～III 期临床试验或接受 FDA 审评，其中 200 种以上的药物进入最后的批准阶段（III 期临床与 FDA 评估）。

1. 多肽疫苗

传染性疾病，例如肝炎、流感、疟疾和血吸虫病等，流行很广，危害很大。目前，虽然可用化学药物治疗且疗效较好，但治愈后再感染率很高，在疫区需对再次感染者不停地进行治疗。因此，若要从根本上防治这些传染性疾病，就必须借助疫苗。虽然灭活或减毒疫苗有一定效果，但仍有引起感染的可能性。因此，对于危险性很大的传染病，如艾滋病等，人们就不敢使用灭活或减毒疫苗，对于这类疾病来说，发展合成多肽疫苗显得尤为重要。

2. 抗肿瘤多肽

肿瘤的发生虽然是多种原因作用的结果，但最终都要涉及癌基因的表达调控。不同的肿瘤发生时所需要的酶等调控因子不同，选择特异性小肽作用于肿瘤发生时所需的调控因子等，封闭其活性位点，可防止肿瘤发生。现在已发现很多肿瘤相关基因及肿瘤生长调控因子，筛选与这些靶点特异结合的多肽，已成为寻找抗癌药物的新热点。美国学者发现了一个短肽（6个氨基酸），它在体内能显著抑制腺癌的生长，包括肺、胃及在大肠腺癌，为治疗这一死亡率很高的恶性肿瘤开辟了一条新路。流感病毒血凝素-2氨基端模拟肽能进入肿瘤细胞，激活抗癌基因p53，诱导肿瘤细胞的凋亡。P物质的一个衍生物对小细胞肺癌的生长有明显的抑制作用。

3. 抗病毒多肽

病毒感染后一般要经历吸附（宿主细胞）、穿入、脱壳、核酸复制，转录翻译，包装等多个阶段。阻止任一过程均可防止病毒复制。最有效的抗病毒药物应该是作用在病毒吸附及核酸复制两个阶段，因此筛选抗病毒药物主要集中在病毒复制的这两个阶段。病毒通过与宿主细胞上的特异受体结合吸附细胞，依赖其自身的特异蛋白酶进行蛋白加工及核酸复制。因此可从肽库内筛选与宿主细胞受体结合的多肽或能与病毒蛋白酶等活性位点结合的多肽，用于抗病毒的治疗。

4. 多肽导向药物

已知很多毒素（如绿脓杆菌外毒素），细胞因子（如白细胞介素系列）等有较强的肿瘤细胞毒性，但在人类长期或大量使用时也可损伤正常细胞。将能和肿瘤细胞特异结合的多肽与这些活性因子进行融合，则可将这些活性因子特异性地集中在肿瘤部位，可大大降低毒素、细胞因子的使用浓度，降低其副作用。比如，在很多肿瘤细胞表面存在表皮生长因子的受体，其数量较正常细胞上的数目高几十倍，甚至上百倍，将毒素或抗肿瘤细胞因子与表皮生长因子融合，可将这些活性因子特异地聚集到肿瘤细胞，国内外已有几家将表皮生长因子与绿脓杆菌外毒素融合表达成功。同时从肽库内筛选出能与肿瘤抗原特异结合的小肽，也可用于导向药物，因其相对分子质量小，比鼠源性的单克隆抗体更适合用于导向药物。

5. 细胞因子模拟肽

利用已知细胞因子的受体从肽库内筛选细胞因子模拟肽，成为近年国内外研究的热点。国外已筛选到了人促红细胞生成素、人促血小板生成素、人生长激素、人神经生长因子及白细胞介素等多种生长因子的模拟肽，这些模拟肽的氨基酸序列与其相应的细胞因子的氨基酸序列有所不同，但具有细胞因子的活性，并且具有相对分子质量小的优点。这些细胞因子模拟肽正处于临床前或临床研究阶段。

6. 抗菌性活性肽

几乎所有类型的生物在微生物入侵时，其机体都会产生一些物质加以抵御，这些物质中大部分是小分子多肽，即抗菌肽。当昆虫受到外界环境刺激时产生大量的具有抗菌活性的阳离子多肽，已筛选出百余种抗菌肽。抗菌肽一般由 12~45 个氨基酸构成，来自不同物种的抗菌肽一级结构有相似之处，如含精氨酸、赖氨酸、组氨酸等碱性氨基酸而带有正电，呈疏水性或双亲性。抗菌肽因其结构和作用方式不同可分成两大类：一类是具有螺旋结构的线性多肽；另一类是由一个或多个二硫键或硫醚连接构成的环形多肽，含有 β-折叠和（或）α-螺旋。由于其独特的结构，抗菌肽具有相对分子质量小、热稳定、水溶性好、免疫原性较低、作用迅速、抗菌谱广等特点，不仅可以抑杀细菌、真菌、病毒和寄生虫，对多种癌细胞、转化细胞和实体瘤也有明显的抑制作用，且某些抗菌肽在发挥以上作用时对正常细胞没有破坏作用。目前，传统的抗生素大多出现了与其相应的耐药致病菌株，常用的抗癌药物又对"敌我"细胞不能区分，而抗菌肽不受已产生的耐药性突变影响，靶菌株也不易出现耐药性突变，另外其独特的选择毒性作用和其较低的免疫原性引起人们广泛的兴趣，使其成为新一代的抗菌、抗癌药物。

7. 用于心血管疾病的多肽

很多植物中药有降血压、降血脂、溶血栓等作用，不仅可用作药物，亦可用作保健食品。但由于其作用成分不能确定，其应用受到很大限制。现已发现很多有效成分是小分子多肽，比如我国科学家从大豆内加工分离出的小分子活性多肽（MW<1 000），可通过小肠直接吸收，能防治血栓、高血压和高血脂，还能延缓衰老，提高机体抗肿瘤能力。

8. 其他药用小肽

小肽药物除在上述几大方面已取得较大进展外，在其他很多领域也取得一些进展。比如 Stiernberg 等发现一个合成肽（TP508）能促进伤口血管的再生，加速皮肤深度伤口的愈合。Pfister 等发现一个小肽（RTR）能防止碱损伤角膜内炎症细胞的浸润，抑制炎症反应。Carron 等证实其筛选的 2 个合成肽能抑制破骨细胞对骨质的重吸收。

内吗啡肽-1 是国内学者研究较深入的另一个具有开发前景的镇痛多肽，具有强烈镇痛活性，其活性高于吗啡。它存在于哺乳动物脑内，是内源性的 μ 阿片受体的激动剂。内吗啡肽-1 是迄今所知对 μ 阿片受体亲和力和选择性最高的生物活性肽。由于它只含有 4 个氨基酸，国内学者采用液相合成方法，方便快速、纯度高，且能大量合成。

9. 诊断用多肽

多肽在诊断试剂中最主要的用途是用作抗原检测病毒、细胞、支原体、螺旋体等微生物和囊虫、锥虫等寄生虫的抗体，多肽抗原比天然微生物或寄生虫蛋白抗原的特异性强，且易于制备，因此装配的检测试剂，其检测抗体的假阴性率和本底反应都很低，易于临床应用。现在用多肽抗原装配的抗体检测系统有针对甲、乙、丙、庚型肝炎病毒、艾滋病病毒、人巨细胞病毒、单纯疱疹病毒、风疹病毒、梅毒螺旋体、囊虫、锥虫、莱姆病及类风湿的试剂盒。使用的多肽抗原大部分是从相应致病体的天然蛋白内分析筛选获得，有些是从肽库内筛选的全新小肽。

三、活性肽在医药方面的发展趋势

总的来说，多肽要开发成药物的复杂性和要求在不断增加，既要增强疗效又要减少副作用，联接和多价是可以采用的方法。Piers 公司和 Molenlar Partner 公司对于多肽 Anticalines 和 DAR Pins 可能成为治疗性蛋白的替代药物有兴趣。他们选择了一种特殊类型的蛋白质作为骨架，模拟大分子蛋白质的特性。这些特性已经清楚定位的小分子蛋白质是稳定的容易生产的，而且在临床上与他们的大分子蛋白质同样有效。Ablynx 公司的纳米体已经在临床上获得良好结果。2007 年 GSK 以 2.3 亿英镑收购了 Domantis 公司，就是由于这种用较小分子开发抗体药物而保存良好特性的技术。与 Ablynx 相似，Domantis 公司在积极地临床研究大约 130 个氨基酸组成的抗体。用较小蛋白替代目前常用的大分子蛋白是这一个趋势符合情理的继续。用限定片段的多肽或者人工合成多肽作为替代来开发抗体/蛋白质药物只是一个时间问题。研究兴趣将来主要集中在少于 100 个氨基酸和容易合成的多肽结构。组合化学、噬菌体和 RNA 显示技术为开发和优化有效的药物提供了许多不同的方法。同时，联接技术将有助于扩展目前的合成方法，进一步推动人们对于合成蛋白的研发兴趣。由于化学和多肽生产技术的不断进步，今天合成 100 个氨基酸以下的小分子蛋白已经成为可能，化学生产这类药物的时代已经到来。总之，在多肽蛋白质领域中技术的发展为将来快速进入研究药物结构和更有效地化学生产复杂药物奠定了基础。

第二节　多肽在降血压药品中的应用

一、高血压的概述

（一）高血压的基本概念

1. 什么是血压？

血压是血液被心脏输向全身时对血管壁产生的压力。收缩压是心脏收缩时，血液给动脉壁的压力；舒张压是心脏舒张时，动脉血管回弹时测出的血压。

2. 什么是高血压？

高血压，又称高血压病或原发性高血压，是指查不出原因、以非特异性血压持续升高为主要表现的一类临床征象。继发性高血压：由肾脏病、肾上腺肿瘤等引起。

3. 高血压定义

只要在三个不同时间测得的血压平均值 > 140/90 mmHg 就可诊断高血压，如果医生测量血压后，发现您的高压高于 140，而低压低于 90，则会告诉您患的是单纯性收缩期高血压。还有一种情况，如果患者曾经患有高血压，而且正在吃药，那么即使医生测量的血压正常，这名患者也仍是高血压患者。

（二）高血压的危害

高血压的危害在于对心、脑、肾（靶器官）损害，这些靶器官的损害程度一般与血压水平密切相关，中度甚至轻度高血压也可能出现靶器官损害，与没有高血压相比，高血压患者的心力衰竭危险增加 6 倍，中风危险增加 4 倍，舒张压每降低 5 mmHg 终末期肾病的危险至少降低 25%。

1. 心脏损害

高血压对心脏的伤害主要表现在以下两个方面：一是对心脏血管的损害。高血压主要损害心脏的冠状动脉，逐渐使冠状动脉发生粥样硬化而发生冠心病。左心室负荷增强，心肌强力增加，心肌耗氧增加，合并冠状动脉粥样硬化时，冠状动脉血流储备功能降低，心肌供氧减少，因此出现心绞痛，心肌梗死等。二是对心脏本身的损害，动脉压力持续性升高，增加心脏负担，形成代偿性左心室肥厚，易发生心室肥大，进一步导致心脏扩张。而高血压所导致的心脏损害可以导致心律失常，心力衰竭和心源性猝死等。

2. 脑血管损害

头晕和头痛是高血压最多见的脑部症状，大部分患者表现为持续性沉闷，经常头晕会妨碍思考，降低工作效率，注意力不集中，记忆力下降，尤以近期记忆力减退为甚。临床上高血压引起的急性脑血管疾病主要有脑出血、脑梗死等。脑出血的病变部位、出血量的多少和紧急处理情况对病人的预后关系极大，一般病死率较高，即使是幸存者也遗留偏瘫或失语等后遗症。

3. 肾脏损害

高血压与肾衰竭有着密切而复杂的关系，一方面，高血压引起肾脏损害；另一方面肾脏损害恶化高血压的预后。一般情况下，高血压病对肾脏的损害是一个比较漫长的过程。由于肾脏的代偿能力很强，开始唯一能反映肾脏自身调节紊乱的症状就是夜尿增多。长期高血压可导致肾动脉硬化。当肾功能不全进一步发展时，尿量明显减少，血中非蛋白氮、肌酐、尿素氮增高，全身水肿，出现电解质紊乱及酸碱平衡失调。肾脏一旦出现功能不全或发展成尿毒症，损害是不可逆转的。

总之，高血压对身体的危害非常大，高血压是动脉血管内的压力异常升高，动脉血管如同流水的管道，心脏如同水泵，管道内的压力异常升高，泵就要用更大的力量将水泵到管道内，久而久之，泵就会因劳累而损害。

（三）中国高血压流行情况

中国高血压患病情况不容乐观，患病率近 30 年来逐年增长，而且高血压在我国出现三"高"、三"低"和四个"最"（图 4-1）。

图 4-1　高血压危害巨大

1. 高血压的三"高"

（1）患病率高：根据 2010 年统计我国高血压的患病人口已达 2 亿，每年新增患者约 600 万人。

（2）致残率高：现有脑卒中患者 600 万，其中大部分人丧失劳动力，每年有近 200 万人新发脑卒中。

（3）死亡率高：并发冠心病、心力衰竭、中风、肾衰等而引起的死亡逐年上升。

2. 高血压的三"低"

（1）知晓率低。

（2）治疗率低。

（3）控制率低。

3. 高血压的四个"最"

（1）历史最久：埃及木乃伊和 5100 前"冰人"已有动脉硬化征象；

（2）流行最广：全球患者高达六亿；

（3）隐蔽最深：半数以上无症状，隐匿发病，猝然发病；

（4）危害最烈：患病、致残、致死均居首位。

4. 高血压的发病情况

随着年龄增高而发病率增高，女性在绝经前低于男性，绝经后高于男性；城市高于农村；北方高于南方；根据 1990—1991 年我国高血压普查结果，15 岁以上成人发病率为 11.26%，据 2010 年统计全国成人发病率为 20%，20 年翻一番，目前我国已有 2 亿高血压患者。

（四）高血压的原因

高血压发病原因不明确，现在更多讨论是围绕其危险因素，包括遗传因素、年龄以及不良生活方式等多方面，其中 70%~80% 与不健康的生活方式有关。随着高血压危险因素聚集，高血压患病风险就会增大。遗传因素：高血压的发病有较明显的家族集聚性，双亲均有高血压的正常血压子女（儿童或少年）血浆去甲痛上腺素、多巴胺的浓度明显较无高血压家族史的对照组高，以后发生高血压的比例亦高。国内调查发现，与无高血压家族史者比较，双亲一方有高血压者的高血压患病率高 1.5 倍，双亲均有高血压病者则高 2~3 倍，高血压病患者的亲生子女和收养子女虽然生活环境相同但前者更易患高血压。饮食方面：盐类与高血压最密切相关的是 Na^+，人群平均血压水平与食盐摄入量有关，在摄盐较高的人群，减少每日摄入食盐量可使血压下降。降低脂肪摄入总量，增加不饱和脂肪酸的成分，降低饱和脂肪酸比例可使人群平均血压下降。动物实验发现摄入含硫氨基酸的鱼类蛋白质可预防血压升高。长期饮酒者高血压的患病率升高，而且与饮酒量呈正比，这可能与饮酒促使皮质激素、儿茶酚胺水平升高有关。职业和环境方面：流行病材料提示，从事须高度集中注意力工作、长期精神紧张、长期受环境噪声及不良视觉刺激者易患高血压病。此外，吸烟、肥胖者高血压病患病率高（图 4-2）。

（五）高血压的症状和诊断

1. 高血压的症状

高血压起病缓慢，早期多无症状，多在体检时发现，有时有头晕、头痛、耳鸣、失眠、烦躁、心悸、胸闷、乏力等症状。

症状与血压的高低未必一致，如长期的高血压不及时有效的治疗，心脏就会因过度劳累而代偿性肥厚和扩大，进而出现功能衰竭，这就是高血压性心脏病心力衰竭。长期下去除心脏外，脑、肾的破坏也会发生严重的病变，大部分高血压的患者死亡原因是中风、心衰和肾功能衰竭。

人体的血管遍布全身，血管内压力过高，脆弱硬化部分的管道就容易爆裂。如发生在脑血管，就是出血性脑卒中。如发生在毛细血管网，这种微细的管道在长期高压的影响下发生硬化、狭窄、功能损害从而使肾毛细血管网排除身体内毒物的功能受损，体内有毒物质潴留于血内，即成为肾功能衰竭、尿毒症。

图 4-2　高血压主要原因

因此高血压对重要生命器官危害不容忽视，特别对心、脑、肾三个重要的生命器官是致命性打击和严重的并发症，对家庭和社会无论是财力还是精力都带来沉重的负担。但高血压损害是可以预防的，心、脑、肾的疾病是可以在发现高血压之初进行干预，而且是行之有效的。

2. 高血压的分类和分级

高血压的分类和分级见表 4-1。

表 4-1　高血压的分类和分级

类别	收缩压（mmHg）	舒张压（mmHg）
理想血压	<120	<80
正常血压	<130	<85

续表

类别	收缩压（mmHg）	舒张压（mmHg）
正常偏高血压	130~139	85~89
一级高血压（轻度）	140~159	90~99
二级高血压（中度）	160~179	100~109
三级高血压（重度）	≥180	≥110
收缩期高血压	≥140	<90

3. 高血压的诊断

以测血压为主，休息十分钟以上，安静、坐位、三次，取平均值，至少二次不同日血压，并且一定时期的观察证实血压持续升高者；24 h 动态血压；其他检查，排除继发性高血压，如肾动脉狭窄、肾上腺肿瘤等疾病。

二、高血压的治疗

积极治疗高血压，能够降低患者发生脑卒中、心肌梗死等心血管疾病的风险，并且减少患者因这些疾病而导致的死亡，改善患者的生活质量，能够快快乐乐，正常工作和生活。

不同的人，降压目标不同：普通高血压患者的血压降到 140/90 mmHg 以下，年轻人或糖尿病及肾病患者的血压应降到 130/80 mmHg 以下，老年人血压降至 150 mmHg 以下，如能耐受，还可进一步降低。高血压治疗的关键目标：长期治疗，有效地控制血压预防（逆转）心、脑、肾靶器官损害，降低心血管疾病的总死亡率和病残率。对于高血压的治疗有非药物治疗和药物治疗：

（一）非药物降血压

（1）每天吸入大量负离子，据学者观察，负氧离子有明显扩张血管的作用，可解除动脉血管痉挛，降低血压，增强心肌功能，并具有明显的镇痛作用。

（2）负氧离子对于改善心脏功能和改善心肌营养也大有好处，有利于高血压和心脑血管病人的病情恢复。

（3）持平静的心情，有研究指出，当人处在暴怒、激动的情绪中时，人的血压会急升 30 mmHg 左右。焦虑、紧张、愤怒、惊吓、恐惧、压抑等情绪波动，以及长期高强度的劳动和过度的精神紧张，都是高血压的诱发因素。

（4）适当运动，每天利用早中晚不同的时间多出去走走，既能愉悦心情，又能保持血压的平稳。

（5）不超过 5 g 盐，流行病学调查显示，吃盐越多的地区高血压病人越多。所以，想要远离高血压，必须控制盐分的摄取量，世界卫生组织建议，每人每天摄入 5 g 就已足够。

（6）戒烟限酒。

（二）降压药物治疗

1. 降压的目标

（1）降压治疗的目标水平是 140/90 mmHg 以下；

（2）青年人和糖尿病人应降压 130/80 mmHg 以下；

（3）有高血压就要在医生的指导下正规服药（图4-3）。

图 4-3　严重高血压病人需长期服用药物

药物治疗前先评估有无其他心血管危险因素、对器官损害及其程度，经过非药物治疗，舒张压仍>90 mmHg 收缩压仍>140 mmHg 则需药物治疗。

药物降压的一般原则：平稳、逐渐降压，长期、持续治疗，合适足够的剂量，单药不行的情况下应联合用药，不可骤然停药或随便撤药。

2. 抗血压药物分类

1）利尿降压药物

用药初期，利尿降压药物可减少细胞外液容量及心排血量。长期给药后心排血量逐渐恢复至给药前水平而降压作用仍能维持，此时细胞外液容量仍有一定程度减少。但是，大剂量利尿药对血钾、尿酸及糖代谢可能有一定影响，要注意检查血钾、血糖及尿酸。

2）钙通道阻滞药

钙通道阻滞药（CCBs）是最常用的一类降压药物，钙通道阻滞药主要影响小动脉和前毛细血管括约肌，对静脉平滑肌影响很小，对处于收缩状态血管床的扩张作用强于对非收缩状态血管床，因此对血压水平较高的患者有较强的降压疗效。

3）血管紧张素转化酶抑制药

血管紧张素转化酶抑制药（ACEI）抑制血管紧张素Ⅰ转换为血管紧张素Ⅱ，不灭活缓激肽，产生降压效应。但是，在临床实践中ACEI的应用还远远不够，使用剂量也常常不足，影响了心血管疾病患者从治疗中获益的程度。血管紧张素Ⅱ是一种具有血管活性的降压药物，它主要通过阻断Ⅰ型血管紧张素受体舒张血管，抑制醛固酮分泌达到降压效果。

4）交感神经抑制药

交感神经抑制药的应用中包括：中枢性降压药可乐定、甲基多巴、莫索尼定等。肾上腺素受体阻断药又分为 α1 受体阻断药（哌唑嗪、特拉唑嗪等）、β 受体阻断药（普萘洛尔、卡维地洛等）、α 和 β 受体阻断药（拉贝洛尔等）。

5）血管扩张剂药物

硝普钠能直接松弛血管平滑肌，降低外周阻力，纠正血压上升所致的血流动力学异常，久用后，神经内分泌及自主神经反射作用能抵消药物的降压的作用。

三、多肽在降血压方面的应用

心血管生物活性多肽是维持人体生命活动最重要的物质基础，它们在调节和整合心血管系统的生长发育及疾病的发生发展等方面均起到了重要的作用。小分子活性多肽是心血管活性多肽的一大类，具有相对分子质量小（相对分子质量一般小于10 000 Da）、结构简单、组织分布广泛、生物效应多样、合成与代谢迅速和免疫原性低等特点，是心血管自稳态调节的最重要成分，其功能紊乱具有重要的发病学意义。高血压是最常见的心血管疾病之一，神经、体液因素网络调节异常和平衡失调以及心血管局部旁/自分泌功能紊乱是高血压病的发病基础，高血压发病过程中多种小分子活性肽参与其中，如肾素-血管紧张素系统（renin angiotensin system，RAS）、钠尿肽（natriuretic peptides，NPs）、内皮素等，以及新发现的Apelin、偶联因子6（Coupling Factor 6）等，形成复杂的网络调节系统，共同参与高血压的发生和发展。对小分子活性肽在高血压中作用的研究，可进一步认识高血压的发病机制，以小分子活性肽为靶点防治高血压可能具有广阔的临床应用前景。

（一）肾素–血管紧张素体系（renin angiotensin system，RAS）

肾素–血管紧张素系统（renin angiotensin system，RAS）是人体经典的循环调节系统，通过对心脏、血管、肾脏的调节维持机体水、电解质及血压的平衡，是人类生理功能的一个重要调节机制。它的过度激活是高血压和其他心血管疾病发展的重要决定因素，并因此成为高血压治疗的重要靶点。近年来发现组织中包括血管壁、心脏、中枢神经、肾皮质髓质中亦有肾素–血管紧张素系统，这又引申出新的 RAS 的作用机制：局部组织性 RAS，它在细胞中通过自分泌、旁分泌和胞分泌各自在其组织细胞发挥作用。随着近年来研究的深入，又发现了血管紧张素转换酶（ACE）的同族物—— ACE2 以及 ACE 的各种旁代谢产物如血管紧张素 1–9（Ang I–9）、血管紧张素 1–7（Ang 1–7）以及 Ang 1–7 的受体 Mas 等，其中 ACE2、Ang 1–7 成为研究的热点，它们在血压调节中发挥着与 ACE、Ang Ⅱ 相抗衡的作用，目前被看成是心血管系统保护因子。

RAS 是参与高血压形成发展的重要内分泌因子，从而使干预 ACE-Ang Ⅱ-AT1 轴来治疗高血压及其心血管重构成为事实，加强新扩展的 ACE2-Ang-（1–7）-Mas 轴，也为心血管疾病的治疗提供了新的靶点。最近的一项研究表明，血管转化酶抑制剂的作用超出了对于血压本身的影响，它可以降低心脏负荷，防止心室、血管的重构，能够显著降低高危人群的心血管疾病的发病率和死亡率。

（二）利钠利尿肽家族

钠尿肽（natriuretic peptides，NPs）是维持机体水盐平衡、血压稳定、心血管及肾脏等器官功能中具有重要意义的一个大家系。利钠利尿肽家族由三个成员组成：心房利钠利尿肽（Atrial natriuretic peptide，ANP）或心钠素（Cardio-natrin），脑钠素（Brain natriuretic peptide，BNP）和 C-型利钠利尿肽（C-type natriretic peptide，CNP）。ANP、BNP 作为心脏激素，主要由心房和心室分泌，而 CNP 作为内皮源性舒张因子主要由内皮细胞产生。ANP、BNP 调节水盐代谢和血压稳态，降低心脏前后负荷。最近研究表明，ANP 和 BNP 对基础血压的调节有重要作用，而 CNP 被认为是内源性抗损伤因子之一。因此，利钠利尿肽家族在心血管疾病尤其是高血压病的病理生理过程中具有重要意义。

近年来的研究也发现，CNP 在高血压及心肌肥厚、动脉粥样硬化斑块的发生及发展过程中起着重要的保护作用。CNP 的降压作用不依赖于其利尿作用，常伴随充盈压、心排血量和前负荷降低，提示 CNP 可直接作用于外周静脉系统。此外 CNP 对心脏直接或间接的负性变力作用也是其降血压机制之一。

内源性 NPs 家族的血浆浓度测定已应用于心血管疾病的诊断和估计预后，但近年来更趋于 ANP 和 BNP 的研究，这两种神经肽类物质浓度变化对心血管病包括高血压有不同临床意义。

（三）内皮素

内皮素（endothelin，ET）最初是由日本学者 Yanagisawa 等 1998 年从培养的猪主动脉内皮细胞中分离纯化而来的缩血管活性肽。ET 及其受体广泛分布于机体各种组织细胞，在心血管系统 ET-1 与 ETA 受体结合，发挥强烈收缩血管、促进 VSMC 增殖和迁移、促进细胞外基质合成与血管纤维化的作用。ET-1 是目前所知的最强的血管收缩剂之一，不同血管对 ET-1 的反应不完全相同。

以往研究，对于血浆 ET 水平与血压是否呈正相关的报告并不一致，但血浆 ET 高水平的原发性高血压患者，器官并发症的发病率明显升高，故血浆 ET 水平可作为高血压并发症的一个指标。在肾性高血压、妊娠高血压综合征等继发性高血压者，ET 升高水平与血压呈正相关。

目前，ET 受体拮抗剂的研究较为广泛与深入，其基本作用为拮抗 ET 受体，对抗 ET 的作用而发挥降压作用。最近的临床试验发现，选择性 ETA 受体拮抗剂达卢生坦用于顽固性高血压的治疗，可明显降低血压水平，但同时出现的水钠潴留和周边性水肿的副作用，因而限制了其在临床的推广使用。

（四）降钙素基因相关肽（calcitonin gene related peptide）

CGRP 是由 Amara 和 Rosenfold 等于 1982 年首先应用分子生物学技术发现的在人和哺乳动物体内存在的第一个心血管活性多肽，是降钙素基因在神经组织的表达产物。在体内，包含 CGRP 的神经纤维广泛分布于整个心血管系统中。其受体为降钙素受体样受体（calcitonin receptor-like receptor，CRLR），其配体选择性受到受体活性修饰蛋白（receptor activity modifying protein，RAMP）的调控，RAMPs 与 CRLR 结合组成不同的功能性受体，其中 RAMP1 与 CRLR 结合表现为功能性的 CGRP 受体表型，介导 CGRP 的生物学效应。CGRP 为目前已知舒血管作用最强的物质，CGRP 及其受体广泛分布于心血管系统，在 CGRP 的众多生物效应中，其对心血管系统的作用最强大。高血压患者及多种实验性高血压动物中CGRP 的合成和释放均发生改变，特别是作为内源舒血管物质，它与高血压的关系更是人们关注的焦点。

降钙素基因相关肽是一种内源性活性生物学多肽，是辣椒素敏感感觉神经的重要递质，具有强效的舒血管效应并能保护血管内皮细胞，抑制血管平滑肌细胞增殖。高盐，高渗会刺激 CGRP 的释放增多。另外，多种体液因子（血管紧张素 II、类固醇激素）可与 CGRP 相互作用，促进高血压的发生发展。CGRP 的抗高血压作用，与它的直接舒张血管，促进钠盐排泄有关；还与它的抗 VSMC 增殖，促进内皮生长和修复有关。有文献报告，CGRP 可能作为一种内源性保护物质抑制内皮祖细胞（EPCs）的衰老，高血压病人 EPCs 的加速衰老可能与 CGRP 的减少有关。

（五）肾上腺髓质素（ADM）

Kitamura 等 1993 年从人的嗜铬细胞瘤组织中分离出一种新的活性多肽，它可使血小板 cAMP 增加，且具有强大的降血压作用，并发现它也存在于人的正常肾上腺髓质，称为肾上腺髓质素（adrenomedullin，ADM）。血循环中的 ADM 主要由血管内皮和平滑肌产生。家族 ADM 及其 mRNA 广泛分布在外周组织、中枢神经系统和血液中。

原发性高血压及高血压合并心肌肥厚和肾功能衰竭时血浆 ADM 含量升高，且与疾病的严重程度有关，但在严重高血压时，ADM 的减少，为心脑血管急性事件发生的原因之一。在多种继发性高血压时，ADM 的血浆及局部含量也升高，从而推测 ADM 作为内源舒张血管物质，在高血压时反馈性地表达上调，以发挥对血压进一步升高的拮抗作用。

由于 ADM 作为内源舒张血管物质，在高血压时反馈性地表达上调，以发挥对血压进一步升高的拮抗作用，因而对于高血压的治疗有潜在的价值，目前这方面的研究仍停留在动物实验。另外，通过进一步研究 ADM 不同受体介导的不同的生物学效应，以不同的受体为靶点治疗高血压是高血压药物开发的一个新的思路。

（六）新发现的与高血压相关的活性多肽

1. Apelin

心血管活性多肽 Apelin 是日本学者 Tatemoto 等利用"孤儿受体策略"于

1998年用反向药理学方法首次从牛胃分泌物中提取到的新的活性多肽，是G蛋白耦联受体APJ的内源性配体。Apelin与血管紧张素Ⅱ（AngⅡ）具有同源性，属于肾素–血管紧张素系统（RAS）新的组分，它所启动的信号系统参与多种生理功能和病理过程的调节，尤其在血压调节、心血管功能、中枢神经系统功能等多方面起重要调节作用。

2. Intermedin/ adrenomedullin2

Intermedin（IMD）/ adrenomedullin2（ADM2）是最近克隆出来的降钙素基因相关肽（CGRP）超家族成员，其结构类似于CGRP、肾上腺髓质素，通过降钙素受体样受体/受体活性修饰蛋白起作用。IMD /ADM2是一种内源性心脏-肾脏保护因子，作为循环激素和旁/自分泌因子在多种组织中发挥广泛生物学功能，具有降低血压、扩张冠脉、抗心脏缺血/再灌注损伤、调节水和电解质平衡、调节垂体激素分泌等生物学效应。

3. 尾加压素Ⅱ（UrotensinⅡ，U–Ⅱ）

新近发现的尾加压素Ⅱ是迄今所知最强的缩血管物质，它最早是在硬骨鱼的脊髓尾部神经分泌系统分离出来的一种生长抑素环肽，Ames首次在人体中发现一种孤立的G蛋白偶联受体GPR14，研究表明其为UⅡ的特异性受体，主要存在于心血管系统。UⅡ与受体结合后引起多种生物学效应。近年来在人体内发现的UⅡ及其受体成为医学界研究的热点，它的主要生物学效应是介导血管收缩、心肌缺血，促血管平滑肌细胞及心脏成纤维细胞增殖，促心肌细胞肥大等，其结果是心脏和血管的重构。

4. 儿茶酚抑素（Catestatin）

儿茶酚抑素（Catestatin）为21个氨基酸组成的内源性多肽，来源于肾上腺嗜铬细胞和肾上腺能神经元胞浆中的嗜铬颗粒蛋白A，有效抑制交感肾上腺系统儿茶酚胺的释放刺激肥大细胞释放组胺，扩张血管、降低血压、降低心肌收缩力。原发性和继发性高血压患者血浆儿茶酚抑素明显降低、尿肾上腺素排泄显著增加。

Catestatin对血压及心脏功能有强大的调节作用，可能成为新的心血管标志物及药物治疗靶点，但目前有关Catestatin的基础和临床研究尚少，作用机制和临床价值都有待进一步深入的探讨。

5. 偶联因子6（Coupling Factor 6）

偶联因子6（Coupling Factor 6，CF6）是线粒体 ATP 合酶（ATP synthase，ATPsyn）的一个亚单位，存在于线粒体，心肌中含量最高，是线粒体能量代谢的重要组分。CF6 是一个强烈的血管收缩肽，能抑制胞浆磷脂酶 A2 的活性，减少质膜花生四烯酸释放从而影响前列环素 I2（PGI2）合成，是迄今已知的体内唯一的内源性 PGI2 合成抑制因子，可能参与高血压、心肌缺血和血栓形成等的发病过程。

四、多肽在治疗高血压领域的发展前景

国外对于食品蛋白来源的 ACEIP 的研究已超过 20 年，日本是研究 ACEIP 最早的国家，目前已有产品上市。目前在美国关于降血压肽的专利已经有接近 10 项。而我国这方面的研究才刚刚起步，目前仅有少量报道。中国自古就有"药食同源"的说法，即通过改善饮食状况来预防和治疗疾病。源于食品蛋白的活性肽只对高血压患者起降压作用，对血压正常者无降压作用，这些活性肽又是利用酶解技术或微生物发酵法从蛋白质中提取得到的，安全性很高。用于以预防和缓解高血压为功能面向中老年人的食品以及膳食补充剂中，长期服用来预防、缓解和治疗高血压，必将为人们所接受。随着现代蛋白质工程、生物酶工程技术迅速发展、生物技术的应用再加上国内原料广泛，可生产出大批量的活性肽应用于食品、药品等。面对不断增加的高血压患者和人们对食疗的需求，这方面的产品具有显著的社会效益和经济效益，孕育着巨大的商机，亟待研究开发。

第三节 多肽在抗糖尿病药品中的应用

随着社会经济的发展，人民生活水平迅速提高，生活方式的改变、人口老龄化、肥胖发生率的增加以及检测手段的提高，我国糖尿病的患病率正在呈快速上升的趋势，最新数据显示，我国糖尿病患者约有 9 240 万人，还有 1.48 亿隐性糖尿病前期患者，成为继心脑血管疾病、肿瘤之后的第三大严重危害人民健康的慢性疾病。糖尿病的危害主要不在于其疾病本身，而在于其急慢性并发症。据世界卫生组织统计，糖尿病并发症可达 100 种以上，慢性并发症累及全身多个系统、器官，导致如高血压、

冠状动脉粥样硬化性心脏病（冠心病）、脑血管意外、下肢坏死、失明、肾功能衰竭等发生，其中糖尿病患者死亡率最高的为心脑血管病变，其次是肾病，一旦发生并发症致残率、致死率高，严重影响患者的身心健康，并给个人、家庭和社会带来沉重的负担。

由于很多糖尿病患者缺乏正确的治疗观念和指导，往往会贻误病情，进入并发症阶段。目前我国糖尿病患者的检出率、知晓率和控制率均较低，科学防治知识尚未普及。迄今为止，糖尿病虽然不能根治，但可以控制，如果糖尿病患者能早期发现、早期接受正确治疗，也能和健康人一样享受生活，拥有和正常人一样的寿命。糖尿病的治疗不是单一的，而是一个综合的治疗，它更需要患者的积极配合。它的治疗包括饮食、运动、药物、监测、患者教育，其中患者教育尤为重要。而大部分患者的治疗是不尽如人意的，其主要原因是患者不了解糖尿病知识，不了解自己的病情。在糖尿病的防治工作中，必须贯彻"预防为主"的原则，防患于未然，要大力开展糖尿病的宣传教育工作，让有关糖尿病的知识得到最大限度的普及，把糖尿病防治的主动权交给广大人民群众。

一、糖尿病概述

（一）什么是糖尿病?

糖尿病典型症状为三多一少，也就是指吃的多、喝的多、排尿多以及体重减轻（图4-4）。但多数患者早期症状并不明显，仅在体检或出现并发症时才被发现血糖升高，从而贻误了治疗时机。所以当一个人出现了"三多一少"症状时，首先要考虑自己是否得了糖尿病。非典型症状：如包括皮肤瘙痒，皮肤干燥，皮肤疖肿溃疡经久不愈（多见足部）；饥饿感，浑身没劲，精神不振、容易疲倦；视物不清，视力下降；四肢出现麻木刺痛；很小的伤口却越来越大或不愈合；男性出现不明原因的性功能减退，下肢麻木感和尿中有蛋白。如果大家发现自身出现不明原因的以上症状，要尽早到医院接受检查，测量血糖，以做到尽早发现糖尿病。

图4-4　高血糖主要症状

（二）哪些人容易患糖尿病？

如果有以下情况，应警惕糖尿病的发生：

（1）有亲属，尤其是一级亲属，有患糖尿病者；

（2）饮食过多而不节制，营养过剩；

（3）肥胖或超重；

（4）高血压、高血脂及早发冠心病者；

（5）以往有妊娠血糖增高或巨大儿生育史，有多次流产者；

（6）年龄40岁以上者。

（三）糖尿病（diabetes mellitus，DM）的临床特征

糖尿病是由遗传和环境因素长期相互作用所致的复杂的代谢性疾病，是由于胰岛素分泌绝对缺乏（1型糖尿病）或相对缺乏（2型糖尿病）所引起，以慢性血糖水平增高为主要特征。长期的糖类（也叫碳水化合物）、脂肪及蛋白质代谢紊乱引起多系统多脏器损害，出现糖尿病的急性和慢性并发症，导致眼、肾、神经、心血管等组织器官的慢性进行性损害、功能减退甚至衰竭。1型糖尿病多有"三多一少"的典型症状，即多尿、多饮、多食、体重减轻，但2型糖尿病（以前叫做非胰岛素依赖型糖尿病）症状并不十分典型，患者常常以并发症或伴发症为主要表现就诊而被确诊。

二、糖尿病的实验室检查

（一）血糖

血糖就是血液中的葡萄糖，是为人体提供能量的主要物质。一般情况下，当我们吃进食物后，食物中的碳水化合物在肠道中经过分解消化最终转化成葡萄糖，然后被吸收入血液。血液中的葡萄糖在胰岛素的帮助下进入细胞内，经过一系列生物化学反应，产生能量供人体生命活动所需，这是血糖的主要代谢途径。如果摄入的食物过多，一部分血糖会进入肝细胞和肌肉细胞里，转化成肝糖原和肌糖原，以备空腹或大量运动时产生能量。如果血糖仍有剩余，一部分还会转变为脂肪储存起来。糖尿病的诊断标准见表 4-2。

表 4-2　糖尿病的诊断标准

诊断标准	静脉血浆葡萄糖水平（毫摩尔/升）
（1）典型糖尿病症状（多饮、多尿、多食、体重下降）加上随机血糖检测	≥11.1
或加上	
（2）空腹血糖（FPG）检测	≥7.0
或加上	
（3）葡萄糖负荷后 2 h 血糖检测	≥11.1
无糖尿病症状者，需改日重复检查	

空腹血糖正常范围 3.9~6.1 mmol/L，大于或等于 7.0 mmol/L，餐后 2 h 血糖大于或等于 11.1 mmol/L 即可确诊。有明显"三多一少"症状者，只要一次异常血糖值即可诊断，无症状者诊断糖尿病需要两次异常血糖值。值得注意的是要排除其他原因引起的血糖升高，还要排除应激状态（如急性感染、卒中急性期、手术、外伤等）的血糖一过性升高。

（二）口服葡萄糖耐量试验

空腹抽血后喝 75 g 葡萄糖溶液，再在 30~60 min，120 min 和 180 min 抽三次血化验血糖。如果空腹血糖在 6.1~6.9 mmol/L，则称为空腹血糖受损（IFG）。

如果空腹血糖正常，餐后 2 h 血糖在 7.8~11.1 mmol/L，称为糖耐量受损（IGT），上述两种情况或者两种情况均有（IFG+IGT）统称为糖尿病前期。这部分人介于健康人和糖尿病人之间，将来很容易进展为糖尿病，应当引起高度重视，及早采取干预措施。

三、糖尿病的分型

糖尿病有四种类型 1 型糖尿病（Type1 Diabetes Mellitus，T1DM）、2 型糖尿病（Tpe2 Diabetes Mellitus，T2DM）、妊娠糖尿病（Gestational Diabetes Mellitus，GDM）和其他特殊糖尿病，其中前两种类型较为常见。遗传因素在 1 型糖尿病发病中起重要作用，已经发现有 50 多个遗传变异与 1 型糖尿病的遗传易感性有关。2 型糖尿病的发生同样与遗传因素有关，目前已经发现 400 多个遗传变异与 2 型糖尿病或高血糖发生发风险相关。但是，遗传背景知识赋予个体一定程度的疾病易感性，并不足以致病，一般是在环境因素的作用下多个基因异常的总体效用导致糖尿病的发生。与 1 型糖尿病发生相关的环境因素不明，病毒感染可能是导致 1 型糖尿病的环境原因之一，包括风疹病毒、腮腺炎病毒、柯萨奇病毒等，这些病毒可直接损伤胰岛 β 细胞，并可启动自身免疫反应进一步损伤胰岛 β 细胞。环境因素在 2 型糖尿病的发生中显得尤其重要，具体包括年龄增长、现代生活方式、营养过剩、体力活动不足等等。导致 2 型糖尿病发生风险增高的重要环境因素是导致不良生活方式形成的社会环境。在环境因素和遗传因素的共同作用下，免疫系统对产生胰岛素的胰岛细胞发动攻击，即自身免疫，导致胰岛 β 细胞损伤和消失并最终导致胰岛素分泌减少或缺乏。

四、糖尿病的传统治疗

目前医学界认为，糖尿病的发生主要与下列几方面因素有关。①遗传因素：大量调查研究发现，糖尿病患者亲属中，糖尿病患病率显著高于普通人群，2 型糖尿病的遗传倾向比 1 型糖尿病更明显。②环境因素：主要是指不良生活方式，如摄入热量过剩、高脂肪饮食、肥胖和体力活动不足等。③感染与免疫因素：这是 I 型糖尿病发病的主要原因。

目前尚无根治糖尿病的方法，但通过多种治疗手段可以控制好糖尿病。主要包括

5个方面：糖尿病患者的教育，自我监测血糖，饮食治疗，运动治疗和药物治疗（图4-5）。

图4-5　管住嘴迈开腿

（一）口服药物治疗

1）磺脲类药物

2型糖尿病患者经饮食控制，运动，降低体重等治疗后，疗效尚不满意者均可用磺脲类药物。因降糖机制主要是刺激胰岛素分泌，所以对有一定胰岛功能者疗效较好。对一些发病年龄较轻，体形不胖的糖尿病患者在早期也有一定疗效。但对肥胖者使用磺脲类药物时，要特别注意饮食控制，使体重逐渐下降，与双胍类或α-葡萄糖苷酶抑制剂降糖药联用较好。下列情况属禁忌证：一是严重肝、肾功能不全；二是合并严重感染，创伤及大手术期间，临时改用胰岛素治疗；三是糖尿病酮症、酮症酸中毒期间，临时改用胰岛素治疗；四是糖尿病孕妇，妊娠高血糖对胎儿有致畸形作用，早产、死产发生率高，故应严格控制血糖，应把空腹血糖控制在105 mg/dL（5.8 mmol/L）以下，餐后2 h血糖控制在120 mg/dL（6.7 mmol/L）以下；五是对磺脲类药物过敏或出现明显不良反应。

2）双胍类降糖药

双胍类降糖药降血糖的主要机制是增加外周组织对葡萄糖的利用，增加葡萄糖的无氧酵解，减少胃肠道对葡萄糖的吸收，降低体重。

（1）适应证：肥胖型 2 型糖尿病，单用饮食治疗效果不满意者；2 型糖尿病单用磺脲类药物效果不好，可加双胍类药物；1 型糖尿病用胰岛素治疗病情不稳定，用双胍类药物可减少胰岛素剂量；2 型糖尿病改用胰岛素治疗时，可加用双胍类药物，能减少胰岛素用量。

（2）禁忌证：严重肝、肾、心、肺疾病，消耗性疾病，营养不良，缺氧性疾病；糖尿病酮症，酮症酸中毒；伴有严重感染、手术、创伤等应激状况时暂停双胍类药物，改用胰岛素治疗；妊娠期。

（3）不良反应：一是胃肠道反应。最常见表现为恶心、呕吐、食欲下降、腹痛、腹泻，发生率可达 20%。为避免这些不良反应，应在餐中或餐后服药。二是头痛、头晕、金属味。三是乳酸中毒，多见于长期、大量应用降糖灵，伴有肝、肾功能减退，缺氧性疾病，急性感染、胃肠道疾病时，降糖片引起酸中毒的机会较少。

3）α-葡萄糖苷酶抑制剂

1 型和 2 型糖尿病均可使用，可以与磺脲类，双胍类或胰岛素联用。①倍欣（伏格列波糖）餐前即刻口服。②拜唐苹及卡博平（阿卡波糖）餐前即刻口服。主要不良反应有：腹痛、肠胀气、腹泻、肛门排气增多。

4）胰岛素增敏剂

胰岛素增敏剂有增强胰岛素，改善糖代谢作用。可以单用，也可与磺脲类，双胍类或胰岛素联用。有肝脏病或心功能不全者不宜应用。

5）格列奈类胰岛素促分泌剂

（1）瑞格列奈（诺和龙）为快速促胰岛素分泌剂，餐前即刻口服，每次主餐时服，不进餐不服。

（2）那格列奈（唐力）作用类似于瑞格列奈。

（二）胰岛素治疗

胰岛素制剂有动物胰岛素、人胰岛素和胰岛素类似物。根据作用时间分为短效、中效和长效胰岛素，并已制成混合制剂。

1. 1 型糖尿病需要用胰岛素治疗

非强化治疗者每天注射 2~3 次，强化治疗者每日注射 3~4 次，或用胰岛素泵治疗。需经常调整剂量。

2. 2 型糖尿病口服降糖药失效者的治疗

2 型糖尿病口服降糖药失效者先采用联合治疗方式，方法为原用口服降糖药剂量不变，睡前晚 10：00 注射中效胰岛素或长效胰岛素类似物，一般每隔 3 d 调整 1 次，目的为空腹血糖降到 4.9~8.0 mmol/L，无效者停用口服降糖药，改为每天注射 2 次胰岛素。胰岛素治疗的最大不良反应为低血糖。

（三）运动治疗

运动本身就是一个能量消耗的过程，规律性的有氧运动可以促进身体组织对葡萄糖的利用；有利于降低体重，改善胰岛素抵抗，增强降糖药物的疗效；此外，运动还有助于缓解紧张情绪、保持心理平衡，减少血糖波动。因此，科学合理的运动有助于血糖的控制。增加体力活动可改善机体对胰岛素的敏感性，减少身体脂肪量，增强体力，提高工作能力和生活质量。运动的强度和时间长短应根据病人的总体健康状况来定，找到适合病人的运动量和病人感兴趣的项目。运动形式可多样，如散步、快步走、健美操、跳舞、打太极拳、跑步、游泳等。

（四）饮食治疗

饮食治疗是各种类型糖尿病治疗的基础，一部分轻型糖尿病患者单用饮食治疗就可控制病情。饮食治疗有助于减轻胰岛负担、降低血糖、减少降糖药用量以及控制体重。血糖轻度增高的患者，单靠饮食治疗就能使血糖恢复正常；相反，如果不注意控制饮食，药物再好也难以使血糖保持正常。但饮食治疗绝不等于"饥饿疗法"或是"严重偏食"。饮食治疗就是要科学合理地安排饮食的量（指"总热量"而不是单指"主食"）与质（指各种营养成分的比例），要求既能满足身体营养所需，又能帮助血糖和体重控制。

五、多肽治疗糖尿病

（一）多肽段 TLQP-21 可缓解 2 型糖尿病

美国杜克大学研究人员发现，VGF 衍生的一个肽段 TLQP-21 可以缓解 2 型糖尿病的发展，它主要通过增强胰岛 β 细胞的存活和功能发挥作用。

胰岛 β 细胞功能的退化是 2 型糖尿病发展的最后一步。研究人员发现，在大鼠胰岛中过表达转录因子 Nkx6.1 有双重作用，即葡萄糖刺激的胰岛素分泌增加（glu-cose-stimulated insulin secretion，GSIS），胰岛 β 细胞复制增加。

研究发现，Nkx6.1 可显著地提高大鼠胰岛中的激素原 VGF 的表达量，而 TLQP-21 是 VGF 的 C 端肽段。在大鼠和人的胰岛中，TLQP-21 都可增强 GSIS，提高葡萄糖耐受。在前驱糖尿病的大鼠胰岛中慢性注射 TLQP-21 可保护胰岛细胞和缓解糖尿病的发生。

体外实验发现，TLQP-21 与 GLP-1R 激动剂的作用机制方面有很多类似之处，如增强 GSIS、增强血糖控制、减少胰岛细胞凋亡，但无抑制胃排空和增加心率的功能。因此，TLQP-21 或许可以用于治疗 2 型糖尿病。

（二）揭示肽类药物或可治疗先天性高胰岛素血症

一项在青少年和成年人中的研究发现了一种试验药具有治疗儿童胰岛机能亢进的潜在价值，胰岛机能亢进是一种罕见严重的疾病，由于机体中某些基因的突变可以引发胰岛素水平异常升高，对人体极具危害性。研究者在文章中揭示，这种肽类药物名为 exendin-（9-39）可以控制血糖水平。

先天性的胰岛机能亢进（HI）病人中，突变可以破坏 β 胰岛素分泌细胞的功能，治疗某些 HI 病人的标准方法是药物二氮嗪，该药物可以通过打开 β 细胞的钾通道来控制胰岛素分泌水平，然而这种药物并不能用于治疗大多数 HI 病人，因为突变可以阻止钾通道的打开。

（三）药物利拉鲁肽和依泽那太治疗 2 型糖尿病的效果比较

刊登在国际杂志 *The Lancet* 上的一篇研究报告中，临床中心的研究者研究发现，每天的注射利拉鲁肽相比每周注射依泽那太，在降低血压以及促进 2 型糖尿病人减肥方面稍微更加有效一些。然而病人注射依泽那太会出现更小的副作用，比如恶心、腹泻与呕吐。

这项研究可以帮助医生和病人来选择到底是一种药物更适合于进行治疗。研究中，研究者对来自 19 个国家，105 个不同地方的 912 名病人进行了相关的研究，这些参与者随机地接受每日注射利拉鲁肽和每周注射依泽那太的治疗，长达 26 周，这项研究的终点就是患者血糖中的 HbA1c 水平的总体降低。

这两种药物都可以使得患者的血糖水平明显降低，在实验结束时，注射利拉鲁肽的 60% 的病人的 HbA1c 水平小于 7%，而注射依泽那太的患者 HbA1c 水平小于

53%。这两种药物都可以促进患者体重的降低，但是使用利拉鲁肽的病人体重减少了2磅，比使用依泽那太的患者体重减小的多。

（四）普兰林肽改善对1型糖尿病患者的血糖控制

普兰林肽（pramlintide）是胰岛 β 细胞自然产生的胰岛素（amylin）的类似物。根据一篇于 2012 年 6 月 18 日在线发表在 *Diabetes Care* 期刊上的论文，在餐前，注射普兰林肽改善通过闭环人工胰岛系统（closed-loop artificial pancreas system）接受胰岛素治疗的 1 型糖尿病患者体内的血糖控制。

为了研究餐前注射普兰林肽是否通过延缓胃排空（gastric emptying）来改善餐后血糖症，来自美国耶鲁大学医学院的 Stuart A. Weinzimer 博士和同事们利用一种闭环胰岛素运送系统在 24 h 内单独或再加上餐前注射 30 μg 普兰林肽来治疗 8 名 1 型糖尿病（15~30 岁）患者。

研究人员发现注射普兰林肽可以显著性地增加血糖到达峰值的平均时间（从1.5 h 提高至 2.5 h）。当餐前胰岛素浓度较高时，注射普兰林肽也显著性地降低血糖波动的平均强度（从 113 mg/dL 降至 88 mg/dL），而且这种降低在午餐和晚餐时特别显著。

（五）抑胃肽

抑胃肽（gastric inhibitory polypeptides，GIP）又称葡萄糖依赖性促胰岛素释放肽，是由 43 个氨基酸组成的直链肽，属于胰泌素和胰高血糖素族，相对分子质量为 5 100，由小肠黏膜的 K 细胞所产生，与 GLP-1 共同称为肠促胰岛素。大量研究表明，GIP 可在脂质代谢平衡调节和 2 型糖尿病、肥胖发病中起一定作用。它的生理作用为：抑制胃酸分泌、抑制胃蛋白酶分泌、刺激胰岛素释放、抑制胃的蠕动和排空、刺激小肠液的分泌和刺激胰高血糖素的分泌。

近年来，人们从动植物和海洋生物中提取得到许多具有降血糖活性的多肽类物质，其中苦瓜多肽是目前国内外学者研究较多的一种外源性降血糖生物活性肽，又被称为植物胰岛素。与传统治疗糖尿病的药物相比，这些具有降糖作用的生物活性肽具有活性高、副作用小的特点，有望开发成为预防或治疗糖尿病的功能食品或药物。

第四节　多肽在抗肿瘤药品中的应用

一、肿瘤不是不治之症

现在人们经常谈癌色变，认为肿瘤是不治之症，甚至是被"吓"死的。这有一定道理，因为在过去医疗技术落后，肿瘤发现大多到了晚期，经济条件受限、治疗手段有限，导致经常从发现到最后死亡也就半年时间。但是从癌症发生、发展、产生临床症状到终末期实际上有很长一段时间。

比如从急性胃炎、慢性胃炎、胃黏膜异型性变、早期胃癌、进展期胃癌、终末期，这之间实际有几年甚至十几年时间。过去，只有产生了临床症状甚至到了逼不得已人们才去医院就诊，到这个时候，大多已经到了进展期、终末期。加上治疗手段缺乏、经济条件受限，很快就不幸离世。

因此，人们认为肿瘤是一个绝症，大多是因为只观察到了最后这一个阶段，认为肿瘤进展快，得了基本就宣告生命将要终结，实际上是不对的。这只是一个例子，还有像肝癌，从肝炎、肝硬化、早期肝癌、终末期肝癌，演变大多也有几年、十几年甚至几十年时间。而且在这个演变过程中，随着医学进步，是有各种手段进行干预的。

而在早期肿瘤，进行手术切除后其 5 年生存率很高，甚至可以治愈；而在进展期肿瘤，规范化治疗也可以延长患者生存时间，即使在晚期肿瘤领域，现在也有一些处理办法，改善患者生活质量、延长患者生存时间。因此，现在仍认为肿瘤是不治之症是不对的，而那种发现了肿瘤直接放弃、不治疗的做法更是不可取的。

（一）癌症和肿瘤

癌症和肿瘤这两个词经常通用，一般情况下也确实没太大问题。一定要纠结的话，这两个词还是有一些区别的。肿瘤的关键词是"固体"，癌症的属性是"恶性"，所以恶性固体肿瘤就是癌症，血液癌症不是肿瘤，良性肿瘤不是癌症，清楚了吗？

用数学公式来表示的话：

癌症=恶性肿瘤+血癌

肿瘤=良性肿瘤+恶性肿瘤

良性癌症=说错了

这俩在英文中也是有区别的，肿瘤的英文是 Tumor 或者 Tumour，癌症的英文是 Cancer。说起 Cancer，对喜欢研究星座的各位宅男宅女们应该不陌生，因为巨蟹座的英文就是 Cancer！癌症 Cancer 的名字来源于公元前 400 多年的希腊传奇医生，号称西医之父的希波克拉底（Hippocrates）。某一次希波克拉底在观察一例恶性肿瘤的时候发现肿瘤中伸出多条大血管，看着就像螃蟹的腿一样，于是他就用希腊词的螃蟹 Caricinos 来称呼这种疾病，到英文里面就是 Cancer，大螃蟹的意思。所以癌症也可以叫大螃蟹病。

（二）癌症到底怎么致命的

大家谈癌色变，主要的原因是其高死亡率。但是说起来癌症到底是怎么让病人死亡的，可能很多人都说不上来了。

首先说癌症的严重性和肿瘤的大小没有相关性，2012 年有个著名的越南人 Nguyen Duy Hai，4 岁开始就开始长肿瘤，等到 30 岁的时候右腿肿瘤已达到惊人的 180 斤！在这 26 年中，他慢慢失去行动能力，但是奇怪的是，他居然没有过多别的症状，在做完手术后，看起来也比较正常。这种肿瘤看起来很恐怖，但是如果位置不在关键内脏，实际上对生命的危害相对较小。这种巨大的肿瘤几乎肯定是良性肿瘤，如果是恶性，是没有机会长这么大的。

良性肿瘤和恶性肿瘤的区别是看肿瘤是否转移。良性肿瘤不转移，属于"钉子户"，所以只要手术切除肿瘤本身，基本就可治愈。而恶性肿瘤不论大小，都已经发生了转移，有可能在血液系统里，可能在淋巴系统里，也可能已经到了身体的其他器官。很多癌症（比如乳腺癌）转移一般首先到达淋巴结，然后才顺着淋巴系统到达其他系统，所以临床上对肿瘤病人常常进行淋巴结穿刺检查，如果淋巴结里面没有肿瘤细胞，病人风险较小，一般化疗和放疗以后就能控制住疾病。

那癌症到底是如何致命的呢？这个问题没有确定答案，每个病人个体情况都不同，最终造成死亡的原因也不同。但是往往和器官衰竭有关，或是某一器官衰竭，或是系统性衰竭。肿瘤不论是否恶性，是否转移，过度生长都可能会压迫关键器官，比如脑瘤往往压迫重要神经导致死亡；肺癌生长填充肺部空间，导致肺部氧气交换能力大大降低，最后功能衰竭而死；白血病导致正常血细胞枯竭造成系统性缺氧缺营养等等。

癌症转移以后危险性会大大增加，一个原因是一个肿瘤转移就成了 N 个肿瘤，危害自然就大；另一个原因是转移的地方往往是很重要的地方，比较严重的是脑转移、肺转移、骨转移和肝转移。这些地方还有一个共同特点：由于器官的重要性，手术往往很保守，很难完全去除肿瘤。所以乳腺癌发现早一般可以有效治疗，手术摘除乳房就好了，病人可以正常存活几十年，但是如果乳腺癌转移到了肺部或者脑部，就很难治疗了，因为不能把肺或者大脑全部摘除。

　　癌症致死有时候并不是某一个器官衰竭造成的，而是一个系统衰竭。有很多癌症，由于现在还不清楚的原因，会导致病人体重迅速下降，肌肉和脂肪都迅速丢失，这个叫"恶病质"（Cachexia）。这个过程现在无药可治，是不可逆的，无论病人吃多少东西，输多少蛋白质都没用。由于肌肉和脂肪对整个机体的能量供应，内分泌调节至关重要，病人很快会出现系统衰竭。例如全民偶像乔布斯，靠金钱支撑，在诊断胰腺癌后活了 8 年，可谓是不小的奇迹，但是通过他得病前后照片对比，能清楚发现他身上的肌肉和脂肪几乎消失殆尽，最后是由于呼吸衰竭而去世。

（三）癌症为啥这么难治

　　第一个原因是癌症是"内源性疾病"：癌细胞是病人身体的一部分。对待"外源性疾病"，比如细菌感染，我们有抗生素。抗生素为啥好用，因为它只对细菌有毒性，而对人体细胞没有作用，因此抗生素可以用到很高浓度，让所有细菌死亡，而病人全身而退。癌细胞虽然是变坏了的人体细胞，但仍然是人体细胞。所以要搞定他们，几乎是杀敌一千，自损八百，这就是大家常听到的"副作用"。比如传统化疗药物能够杀死快速生长的细胞，对癌细胞当然很有用，但是我们身体中有很多正常细胞也是在快速生长的，比如头皮下的毛囊细胞。毛囊细胞对头发生长至关重要，化疗药物杀死癌细胞的同时，也杀死了毛囊细胞，化疗的病人头发都会掉光。负责造血和维持免疫系统的造血干细胞也会被杀死，因此化疗病人的免疫系统会非常弱，极容易感染。消化道上皮细胞也会被杀死，于是病人严重拉肚子，没有食欲等等。这样严重的副作用，让医生只能在治好癌症和维持病人基本生命之间不断权衡，甚至"妥协"。所以化疗的药物浓度都必须严格控制，而且不能一直使用，必须一个疗程一个疗程来。如果化疗药物也能像抗生素一样大剂量持续使用，癌症将被攻克。第二个癌症难搞的原因是癌症不是单一疾病，而是多种疾病的组合。世界上没有完全一样的两片树叶，世界上也没有两个完全一样的癌症。

　　第三是癌症的突变抗药性。这点是癌症和艾滋病共有的。也是目前为止我们还没有攻克这两种病的根本原因。大家可能都听说过超级细菌。在抗生素出现之前，金黄色葡萄球菌感染是致命的，比如败血症。但是青霉素出现以后，金黄色葡萄球菌就输掉了。但是生物的进化无比神奇，由于我们滥用青霉素，在它杀死了99.999 999%的细菌时，一个或者两个细菌突然进化出了抗药性，他们不再怕青霉素。于是人类又发明了别的抗生素，比如万古霉素。但是现在已经出现了同时抗青霉素和万古霉素的金黄色葡萄球菌，这就是超级细菌。

生物进化是一把是双刃剑。自然赐予我们这种能力，让我们适应不同的环境，但是癌细胞不仅保留了基本进化能力，而且更强，针对我们给它的药物，癌细胞不断变化，想方设法躲避药物的作用。Ceritinib 在临床试验的时候，就发现有很多癌细胞在治疗几个月以后就丢弃了突变的 ALK 基因，而产生新的突变来帮助癌症生长，这么快的进化速度，总是让人感叹自然界面前人类的渺小。

（四）什么导致了癌症

2013 年中国第一次发表了《肿瘤年报》，内容包括：第一：无论男女，癌症发病率从 40 岁以后就是指数增长；第二：老年男性比女性得癌症概率高，主要是前列腺癌。绝大多数我们熟悉的癌症：肺癌，肝癌，胃癌，直肠癌等等都是老年病！随着人类平均寿命的增加，得癌症的概率越来越高是不可避免的。

癌症发生的原因是基因突变。我们体内大概有两万多个基因，真正和癌症有直接关系的大概一百多个，这些癌症基因中突变一个或者几个，癌症发生的概率就非常高。那基因为啥会突变，啥时候突变？基因突变发生在细胞分裂的时候，每一次细胞分裂的时候都会产生突变，但是多数突变都不在关键基因上，因此癌症发生仍然是小概率事件。细胞啥时候分裂？岁数越大，细胞需要分裂次数越多，所以老人比年轻人容易得癌症。人体器官受到损伤越多，需要修复就越多。组织修复都需要靠细胞分裂完成，因此细胞分裂次数就越多。因此长期器官损伤，反复修复组织容易诱发癌症。暴晒会损伤皮肤细胞，因此皮肤晒伤次数和得皮肤癌直接相关；抽烟或者重度空气污染损伤肺部细胞，因此长期抽烟容易得肺癌；吃刺激性和受污染的食物，损伤消化道表皮细胞，因此长期吃重辣，污染食物会增加食管癌，胃癌，大肠癌，直肠癌发生；慢性乙肝病毒伤害肝细胞，因此乙肝病毒携带者容易得肝癌。每个人的细胞分裂一次产生突变的数目是不同的。这个主要受到遗传的影响，有些人天生就携带一些基因突变，这些突变虽然不能直接导致癌症，但是会让他们细胞每次分裂产生突变数目大大增加。

关于肿瘤的治疗手段层出不穷，让无数患者眼花缭乱不知该如何做选择？又因为恶性肿瘤复杂性，我们在治疗上总没有更好的办法，经过这些年的发展和实践，肿瘤需要综合治疗越来越被医生和患者所接受，那么如何来理解肿瘤的综合治疗？

（五）癌症的治疗

肿瘤的综合治疗也就是把手术、放化疗和免疫治疗等方法系统地使用才能够对肿瘤形成一个标本兼治的结果，除此之外，还需要医生和患者双方共同智慧。

综合治疗简单来讲就是一种多方法、多模式的协同作战。手术是肿瘤治疗中最古老的方法之一，手术治疗对大部分尚未散播的肿瘤可达到治愈，同时术后亦可了解肿瘤的正确部位，有无淋巴结转移，是否已得到正确的分期，但手术也存在一定缺点，如同时也切除一定的正常组织，术后亦有后遗症及功能的障碍；手术还存在一定的风险性即手术创伤所带来的加速转移和复发的风险，也是我们不能忽视的。

放疗是通过一些高能粒子射线的照射对肿瘤组织进行一个打击摧毁，对肿瘤部位进行精准聚焦达到治疗效果，相对创伤性要小一些，也被喻为"不见血的手术刀"。但放疗也有不利因素，如果照射部位造血器官比较丰富，照射以后会形成比较严重的贫血或者是白细胞的降低，对免疫力是一个致命的打击。化疗，相信每个人的第一反应就是"化疗=毒药"。要知道化疗是治疗恶性肿瘤的主要手段之一，目前已有相当多的肿瘤可以通过化疗得到长期生存和治愈。

免疫治疗与化疗不同，靶向治疗其作用的靶点包括细胞表面抗原、生长因子受体或细胞内信号转导通路中重要的酶或蛋白质，靶向治疗并不影响 DNA 或 RNA，所以无急性细胞死亡，仅细胞的失控增殖被抑制，使细胞进入休眠状态，所以只杀灭这些肿瘤细胞。

在肿瘤治疗临床中遇到的最大的难题就是肿瘤的转移和复发的问题，我们虽然通过手术、放疗和化疗可以很容易地将肿瘤清除干净，但总是会留下一些肿瘤的残留病灶，经过一段时间潜伏很容易形成复发和转移，此时再用手术或放化疗治疗手段就显得有些无能为力了，如果在手术、放化疗以后及时跟上免疫治疗，迅速地提高患者的免疫力，可以对肿瘤的残留病灶起到很好的控制，有效地抑制肿瘤的转移和复发。

二、生物肽在肿瘤治疗中的应用

研究表明肽类药物对肿瘤生长具有抑制作用，在肿瘤治疗方面有巨大潜能。多肽可以作为激素、疫苗、放射性核素及细胞毒性药物的载体和抗肿瘤药物在肿瘤的治疗中发挥重要作用。利用多肽的靶向性化疗和靶向性的药物输送技术能使药物高度选择地、有效地聚集在预定目标，正逐渐成为传统化疗方案的一种补充治疗方案。

化疗是治疗肿瘤的主要方法之一，但传统化疗面临的主要问题是无法杀死肿瘤细胞而不对正常细胞产生影响。同时药物抵抗、生物分布、生物转化和药物清除率也是化疗所面临的共同问题。肽类药物因具有靶向作用于肿瘤细胞的同时不影响正常细胞的特性，正逐渐成为传统化疗方案的一种补充治疗方案。在肿瘤治疗方面，多肽可以作为抗肿瘤药物、细胞毒性药物和放射性核素的载体、激素和疫苗。肽类药物具有相对分子质量小、易于合成和修饰、肿瘤穿透能力强、生物兼容性好等优势，可使药物高度选择地、有效地聚集在预定目标。

（一）多肽类放射性核素载体

多肽受体的放射性核素治疗是将生长激素抑制素类似物与放射性核素相结合，形成一种高度特异性的分子，被称为放射性多肽。放射性多肽注射人体内后通过血液循环与有受体的肿瘤细胞结合，这些放射性多肽释放出射线并杀死与之结合的肿瘤细胞。

1. 多肽类生长激素抑制素

生长激素抑制素能与胃肠道或者胰腺等器官内的 G 蛋白耦联的生长抑素受体结合发挥作用。该受体除了在正常组织中表达，在一些特定的肿瘤中也会表达，尤其是神经内分泌肿瘤。生长抑素受体有 5 种亚型，其中神经内分泌肿瘤主要过表达 2 型受体。在过去的几年里，能释放正电子的标记的生长抑素类似物越来越多地用于 PET 扫描中。多项研究表明利用 Ga 标记的生长抑素类似物进行的 PET 扫描在判断神经内分泌肿瘤远处转移方面的效果优于 CT 和传统的骨扫描 。

2. 多肽类生长激素抑素类似物

多肽类生长激素抑素类似物利用生长抑素类似物的放射性核素已成为治疗神经内分泌肿瘤的一种有效方式。生存期延长数年，同时显著地提高生命质量，在神经内分泌肿瘤的治疗中取得了令人满意的疗效。这不仅可以应用于治疗，还可应用于对肿瘤反应的监测。放射性核素标记的毒蜥肽外泌肽类似物在对胰岛瘤的治疗和显像上都展现出了良好的前景。

3. 标记用放射性核素

研究人员对如何将多肽标记上合适的放射性核素以用来探测病理变化展开了广泛的研究。最初多肽被标记后用在单光子发射计算机断层成像术扫描中，但现在越来越多的多肽被标记用在 PET 扫描中。多肽在体内的分布比蛋白和抗体更均匀，更容易穿透组织，但用的剂量却明显更低，可以迅速分布于全身使得其非特异性结合率明显降低。在标记的多肽中，精氨酸-甘氨酸-天冬氨酸被研究的最多，它可以结合并显像。奥曲肽类似物可用于探测生长激素抑制素受体，铃蟾肽类似物可用于探测促胃液素释放肽受体，这些多肽都可用于实性肿瘤的显像中。近几年肿瘤的成像技术和多肽受体的放射性核素治疗已经扩展到了其他多种受体，如促胃液素释放肽和肠促胰酶肽。放射性核素标记的受体抑制剂也正成为该领域的一个新选择。

（二）多肽类疫苗

目前肿瘤疫苗已经逐渐进入了临床研究阶段。肿瘤细胞表达的抗原被称为肿瘤相关抗原，该抗原可以被宿主的免疫系统（T 细胞）识别。任何肿瘤细胞的蛋白质/多肽因变异而产生了某些非正常结构都可以作为肿瘤相关抗原。用人乳头瘤病毒（human papillom avirus，HPV）致瘤蛋白 E6 和 E7 修饰的长折叠多肽可以完全或部分逆转大多数女性由 HPV 16 病毒引起的高级别外阴上皮内癌变。这种多肽疫苗有希望被应用于由 HPV 16 病毒引起的多种肿瘤的治疗中，包括宫颈癌、肛门和头颈部肿瘤。一种由 16 个氨基酸组成的多肽可以激活免疫系统对抗端粒酶反转录酶（一种肿瘤相关抗原）。这种多肽可以激活特异性的 T 细胞免疫并延长非小细胞肺癌患者的生存时间。IMA901 是一种由 10 种不同的肿瘤相关多肽合成的疫苗，与粒细胞巨噬细胞刺激因子和环磷酰胺联合使用。该疫苗可作为局部和全身性的免疫调节剂，在转移性肾细胞癌患者中已产生很好的临床效果。此外针对 HER.2/neu 基因阳性患者的多肽（乳腺癌、卵巢癌）、HjMucin-1 蛋白（肺癌、结肠癌）、癌胚抗原（结直肠癌）、前列腺特异性抗原（前列腺癌）、Ras 肿瘤蛋白多肽（结肠癌、胰腺癌）和黑色素瘤抗原（黑色素瘤）都在实验或临床上取得了不错的效果。多肽类疫苗相对便宜，而且易于合成和控制，但其主要的缺点是免疫原性弱。目前正在探索应用多种方法，如增强抗原表位，利用不同的 T 细胞抗原表位添加佐剂，加入协同刺激分子，在体外加载到抗原呈递细胞等，加强多肽类疫苗的免疫原性和功效。

（三）多肽类激素

将黄体生成素释放激素激动剂应用在前列腺癌的治疗中已成为应用肽类药物治疗肿瘤的一个经典范例。目前，各种长效的黄体生成素释放激素激动剂制剂如布舍瑞林、亮丙瑞林、戈舍瑞林和组胺瑞林为前列腺癌患者提供了更有效、方便的治疗，为前列腺癌患者的去势治疗提供了一种新的方法。服用了这些肽类药物后将引起垂体的黄体生成素释放激素受体下调，并抑制卵泡刺激素和黄体生成素的释放，同时引起睾酮类物质的降低。当前多种有效的黄体生成素释放激素抑制剂已应用于临床。西曲瑞克是第 1 种被批准上市的黄体生成素释放激素抑制剂，并且已成功地应用于临床。新一代黄体生成素释放激素抑制剂如阿巴瑞克和地加瑞克已获准应用于人体，并在前列腺癌治疗中取得了良好的效果。

（四）多肽类细胞毒性药物载体

某些多肽可以作为细胞毒性药物载体，将其运送到表达相应受体的肿瘤细胞表面并特异性地结合，所以被称为导向肽。导向肽可以作为成像介质、药物分子、寡核苷酸、脂质体和无机纳米粒子的载体。因此可以更具选择性地杀死肿瘤细胞。例如多柔比星可与黄体生成素释放激素类似物结合，直接靶向性地作用于表达黄体生成素释放激素受体的细胞，尤其是前列腺癌细胞。

除了那些可以和多肽受体选择性结合的多肽，近几年还发现了许多与肿瘤治疗相关的多肽可以靶向性地与多种正常器官和病变组织相结合。RGD 对新生血管中的 α 受体有高度亲和性，对肿瘤血管和其他新生血管具有靶向性。天冬酰胺-甘氨酸-精氨酸（NGR）肽的受体是一种肽酶-氨肽酶 N，其在新生血管中表达上调。目前已成功地把 RGD 和 NRG 用作肿瘤坏死因子，从几个分子的物质到小干扰 RNA 蛋白质和质粒近年来大量基于细胞穿透肽的物质已进入了临床试验阶段，并成为治疗药物的有效载体。

（五）抗肿瘤多肽

越来越多有较强亲和性的多肽作为抗肿瘤药物直接应用于肿瘤的治疗中。多肽类新生血管抑制剂为那些伴有异常血管生成的疾病提供了一种更加安全的毒性更小的治疗方式。抗血管生成剂西仑吉肽是 RGD 的一种衍生物，它对在血管生成中发挥重要作用的整合素具有选择性目前这种药物正在针对儿童的胶质细胞瘤和其他难治性脑部肿瘤开展期临床试验阳离子抗菌多肽（cationic antim icrobiat peptide，CAP）是一类纯天然的多肽，并有望成为新的广谱抗肿瘤药物，且无传统化疗药物引起的肿瘤多重耐药性某些 CAP 可以直接杀死肿瘤细胞，同时一部分特定的 CAP 可以有效抑制肿瘤新生血管的形成很多 CAP 在某一特定的浓度能够有效地杀死肿瘤细胞，但对正常细胞几乎没有影响，这表明这些多肽对全身的不良反应很小那些处于休眠期或者具有抗化疗药物特性的肿瘤细胞可能对 CAP 敏感，因为 CAP 可以直接破坏细胞膜从而绕过了许多肿瘤细胞的药物抵抗机制，其中牛骨髓抗菌肽已经显现出对具有抗化疗药物的肿瘤细胞具有杀伤性胃泌素/促胃泌素 释放肽可以和细胞表面的 G 蛋白偶联受体选择性结合，并且促进多种恶性肿瘤的生长胃泌素类多肽可以作为自分泌/旁分泌的肿瘤生长因子，同时在多种肿瘤中出现的胃泌素/促胃泌素释放肽受体也促进了胃泌素/促胃泌素释放肽受体拮抗剂的设计和合成 DNA 的合成在肿瘤的生长过程中至关重要，因此有学者以 DNA 合成的关键酶（胸腺甘酸合酶）为靶点通过新的机制在具有抗药性的卵巢癌治疗中抑制肿瘤细胞生长胸腺甘酸合酶是一种同源二聚体这种多肽提供了一种新的抑制同源二聚体酶的作用机制，对药物敏感的和耐药的癌细胞都具有抑制作用。

（六）结语

多肽将在肿瘤的诊断和治疗中发挥重要作用靶向性化疗和药物运输技术将作为一个极佳的工具把传统化疗中所遇到的问题最小化目前多种基于肽类药物的肿瘤治疗方法已应用于临床，同时大量基于多肽的治疗方式如肿瘤疫苗肿瘤靶向性细胞毒性药物和放射性同位素抗新生血管的多肽，正处于临床试验阶段，并有希望产生积极的成果肽类量产技术的巨大进步，将使基于多肽的抗肿瘤药物应用更加广泛。

第五节　多肽在抗炎症药品中的应用

一、炎症的概述

炎症就是具有血管系统的活体组织对损伤因子所发生的以防御为主的局部组织反应。炎症局部的基本病变是变质、渗出和增生，其中变质是损伤，渗出和增生是抗损伤。炎症过程就是一个损伤、抗损伤和修复三位一体的较量过程。

从上面概念中我们知道，炎症需要在损伤因子的作用下才可以发生，那么有哪些因子可以导致炎症呢？

（一）微生物引起的炎症

细菌、病毒、立克次体、支原体、真菌、螺旋体和寄生虫等为引起炎症最常见的原因。

（二）物理性因子引起的炎症

高温、低温、放射性物质及紫外线等和机械损伤。这类疾病均有明显的物理或化学因素致病，如食管烫伤引起的食管炎、暴饮暴食诱发的胰腺炎、紫外线引起的电光性眼炎等。

（三）化学性因子引起的炎症

外源性化学物质如强酸、强碱及松节油、芥子气等。内源性毒性物质如坏死组织的分解产物及在某些病理条件下堆积于体内的代谢产物，如尿素等。这些物质均可能引起炎症。

（四）异物引起的炎症

通过各种途径进入人体的异物，如各种金属、木材碎屑、尘埃颗粒及手术缝线等，由于其抗原性不同，可引起不同程度的炎症反应。

（五）缺血性坏死引起的炎症

这类疾病，通常是无菌的，原因是由血管痉挛、栓塞引起的组织坏死。例如，血栓闭塞性脉管炎、结节性动脉炎、结节性血管炎、静脉炎等。

（六）过敏引起的炎症

这类疾病常以组织水肿为主，通常是对花粉、药物、化妆品、某些食品等引起的变态反应。如过敏性鼻炎、过敏性结膜炎等（图4-6）。

图 4-6　过敏

（七）组织增生引起的炎症

这类疾病皆因组织增生或萎缩而导致功能障碍。如肥大性鼻炎、肥大性胃炎、骨质增生引起的关节炎、萎缩性鼻炎、萎缩性胃炎等。

（八）神经原因引起的炎症

这类疾病常因外伤、增生、中毒、感染、营养缺乏等导致神经功能障碍，如外伤或骨质增生压迫坐骨神经引起的坐骨神经炎、维生素缺乏引起的多发性神经炎，也有感染引起的视神经炎及神经根炎。

由上述可知，炎症是一个大的概念，它包括了微生物、理化因子、变态反应等导致。但感染只是炎症中的一种类型，它是由生物病原体侵入人体导致的一种病理变化，所以我们不能将他们之间完全画等号。

发炎与消炎是免疫系统特有的功能，代表着机体损伤及修复的自然过程。炎症有急性与慢性之分，由病原体感染或非感染因素引起，有些炎症是可控的，而有些炎症是不可控的。炎症的发生有利有弊，通常短期急性炎症对健康有好处，而长期慢性炎症对健康有坏处。那么，如何才能避免炎症从"生命之盾"变成"病痛之源"呢？

恶性肿瘤、2 型糖尿病、心血管病、自身免疫病、神经退行性疾病等均为多发性和渐进性代谢疾病。这类疾病的"罪魁祸首"就是慢性炎症，已知 1β-、16-、17-、23-白介素、α-肿瘤坏死因子等促炎症细胞因子正是慢性炎症的"肇事者"。

由病原体感染而迁延不愈导致慢性炎症并致癌已经是"铁证如山"，如乙型及丙型肝炎病毒感染诱发肝癌、血吸虫感染诱发膀胱癌、幽门螺杆菌感染诱发胃癌、毒性大肠杆菌感染诱发结直肠癌等。除病原体感染外，能引起慢性炎症的还有吸烟、污染、辐射等"外因"以及饱和脂肪酸、含脱脂蛋白 B 的脂蛋白、蛋白质聚合体等"内因"。

二、细菌引起的炎症

细菌感染引起的慢性炎症已成为致癌的最大嫌疑，但并非所有细菌都能致癌。以大肠杆菌为例，只有含"基因毒性岛"的大肠杆菌才能诱发结直肠癌。基因毒性岛是指大肠杆菌基因组中的聚酮合酶基因，带有该基因的 NC101 菌株被称为"毒性"大肠杆菌。若把该毒性基因删除，尽管肠炎依旧，但其致癌性及浸润性皆减弱。现在知道，结直肠癌归根结底还是由肠道细菌产生的聚酮类化合物诱发的。不过，聚酮合酶及聚酮类化合物究竟如何参与炎症向癌症的转化过程，目前还不清楚。毒性大肠杆菌为肠黏膜结合细菌，在正常人肠道内仅有 20%，而在炎症性肠病及肠炎相关性结直肠癌患者的肠道中所占比例极高，分别达到 40% 和 66.7%。在毒性大肠杆菌占优势的肠道中，非毒性菌群（如粪肠球菌）的比例相应降低。

免疫细胞不仅要消灭"外敌"——病原体，而且还要清除"内鬼"——癌细胞。不同于抗体，细胞因子并非"短兵相接"，而是"借刀杀人"。被抗原激活的 T 细胞可释放促炎症细胞因子，刺激巨噬细胞等释放一氧化氮及活性氧，从而有效杀灭入侵的病原体。

尽管低浓度一氧化氮对身体有益，但高浓度一氧化氮在杀菌的同时也会伤害身体细胞。例如，一氧化氮的瞬时性爆发，会造成关节滑膜细胞损伤。若慢性炎症持续，不仅会诱发滑膜炎，而且可能发展成关节炎。

滑膜炎发生的真正"元凶"是细菌或其他病原体的慢性感染，其中一氧化氮只是充当了发病的媒介。用抗生素抗感染、雷帕霉素抑制免疫激活、青蒿素抑制一氧化氮合成等方法，均能阻断滑膜炎的发生及恶化。

三、多肽在抗炎方面的应用

近年来科学界发现生物活性肽可以被人体完整吸收，并作用于人体产生特定的生理作用，因而成为生命和食品科学领域的研究热点之一。其中，具有良好抗炎作用的抗炎活性肽备受瞩目。抗炎肽能够通过调控细胞因子的合成和分泌，抑制炎症（炎性）介质的合成与群放，以及调控炎症信号通路来作用于机体的炎症反应。然而，完整的食源或非食原性蛋白质一般并不表现出抗炎效果，只有利用酶解、酸碱降解等手段将具有抗炎效果的段从中释放出来才能发挥作用。

（一）抗炎肽的作用机制

1. 抗炎肽对细胞炎症因子 b

人类的免疫反应是通过机体内控制单元网络的调节来完成的。其中起主要作用的是抗炎细胞因子和特定的细胞抑制因子。当炎症疾病发生时，白介素（IL-1）和肿瘤坏死因子（TNF）就会分泌出来，它们都是促炎因子，在炎症反应中起到促炎作用。当外源的致炎因子刺激机体引发炎症后，免疫细胞合成并释放出相应的促炎因子，促进细胞炎症反应，使机体的免疫反应持续进行。此时，抗炎肽可以通过调节细胞因子的分泌，抑制促炎因子的合成与释放，提高抗因子的表达，从而减轻致炎因子诱导的炎症反应的作用。

2. 抗炎肽抑制炎症介质的合成与释放

参与和介导炎症反应的化学因子称为化学介质或炎症（炎性）介质。急性炎症反应中的血管扩张、通透性升高和白细胞出的发生机制，是炎症发生机制研究的重要内容。有些致炎因子可直接损伤内皮，引起血管通透性升高，但许多致炎因子并不直接作用于局部组织，而主要是通过内源性化学因子的作用而间接导致炎症的。炎症诱导因子通过存在于免疫细胞中的各种传感器触发许多炎症介质的产生。这些传感器激活炎症介质，然后通过激活几个信号通路触发炎症反应。

炎症反应中，受损组织和 T 细胞分泌的包括诱导型一氧化氮合酶（iNOS）、环氧合酶（COX2）等代谢酶参与炎症反应。从相橘皮中分离出的抗炎肽在炎症模型中的作用机制是抑制 NOS 和 COX2 的表达，减少一氧化氮（NO）和前列腺素 E2（PGE2）的合成与释放。同时通过调节 NF-kB 通路和丝裂原活化蛋白激酶信号通路减少 IL-6、TNF-G 等促炎因子的分泌。

（二）基于 C3a 肽的抗炎新药

据物理学家组织网 5 月 14 日报道，一个国际研究小组基于自然产生的 C3a 肽，研制出了一种候选药物。C3a 肽是调节免疫反应的核心成员，能够增强或阻止其活动影响的药物或将有助于治疗哮喘、类风湿性关节炎和败血症等多种炎症性疾病。相关研究报告发表在近期出版的《药物化学杂志》上。

　　研究团队首先创建了名为 C3a 受体蛋白质的三维结构图，该蛋白位于人体细胞的表面，并在调节免疫系统下属的补体系统中发挥着关键作用。对于补体系统的调节，被认为是一种控制过于活跃的或因出错而致害的免疫反应的可能途径。然而，几乎没有药物能直接定位补体蛋白，也没有药物能定位 C3a 受体。这在某种程度上是因为补体系统十分复杂，其有时候能淡化免疫反应，而其他时候却能激起更强烈的反应。

　　随后，科学家利用计算技术设计出了能增强或阻止 C3a 活动的新型肽，因为他们预测这些肽将与受体发生反应，以阻止或增强它们的活性。他们计算出蛋白质的三维结构会如何改变，以及什么时候会在蛋白质的化学序列中发生改变。基于自然产生的、通常能够调节人体细胞中 C3a 受体的 C3a 肽的三维结构，研究人员制成了针对C3a 活性的对抗剂和兴奋剂，其具备前所未有的效能和精确度。这种将肽设计为所需形状的能力，允许科学家能以精确的方式定位 C3a 受体。最后，科研人员在小鼠细胞和人体细胞内对肽进行了测试和分析，证实其与此前的理论预测相符。

　　除了有助于治疗哮喘、类风湿性关节炎和败血症等多种炎症性疾病，通过对补体的调控还有望治疗再灌注损伤。其通常发生在体内的血流被短暂切断时，例如心脏病发作或中风，血液回流时产生的炎症反应。另一种可能的应用是器官移植，该种情况下，身体通常会作出破坏性的免疫反应，来对抗新引入的器官。

　　研究团队下一步将在具有炎症的活体动物模型上测试制成的新肽，他们还计划更深入地探索 C3a 在炎症中扮演的双重角色，并力图开发更多的候选药物。

四、生物多肽抗炎症未来展望

　　随着对生物活性肽越来越多的深入研究，抗炎肽有望作为潜在的抗炎制剂添加到各种功能性食品当中起到膳食干预炎症的作用，甚至直接用于炎症治疗。但是抗炎肽的筛选、作用机制、构效关系以及抗炎肽应用仍然有待进一步研究。主要从以下几个方面：建立抗炎肽的快速筛选方法：目前抗炎肽筛选方法有限，对于肽的分离策略一般是以体外活性模型为导向，采用超滤、层析，结合高效液相色谱等技术手段进行跟踪式筛选。毫无疑问，此思路不但耗时、成本高，而且存在组分越分离活性越小、体外活性较好但体内却无活性的风险，使得研究无功而返。

　　抗炎肽抗炎机制除可以在体外通过减少白细胞内皮相互作用，减少白细胞的渗出，减少促炎细胞因子的合成与释放外，还可以通过抑制炎症信号通路起到调节炎症的作用。不同的抗炎肽其调控的通路也不一样。

第五章　生物多肽与抗冠状病毒

自 2019 年 12 月以来，全球范围内爆发的新型冠状病毒疫情严重威胁到了人类健康，引发了全世界对于大健康的高度关注，是一次史无前例的全民健康教育。而冠状病毒对于人类的威胁由来已久，当前共发现 7 种可感染人类的冠状病毒，分别是 HCoV-229E、HCoV-OC43、SARS-CoV、HCoV-NL63、HCoV-HKU1、MERS-CoV 和 2019-nCoV。生物多肽具有极强的活性和多样性，它在人类战胜"非典"的斗争中起到了积极的作用，将多肽用于冠状病毒的防治已成为科技界、医学界、药学界和企业界研究与开发的热点。

第一节　冠状病毒概述

一、冠状病毒研究历史

冠状病毒（图 5-1）在 1965 年已被分离出来，但人们目前对它们的认识仍相当有限。5~9 岁儿童有 50% 可检出中和抗体，成人中 70% 中和抗体阳性。鼻病毒是 20 世纪 50 年代被发现的。人们首先发现鼻病毒与感冒有关，但是只有大约 50% 的感冒由鼻病毒引起。1965 年，Tyrrell 等用人胚气管培养方法，从普通感冒病人鼻洗液中分离出一株病毒，命名为 B814 病毒。随后，Hamre 等用人胚肾细胞分离到类似病毒，代表株命名为 229E 病毒。1967 年，McIntosh 等用人胚气管培养从感冒病人中分离到一批病毒，其代表株是 OC43 株。1968 年，Almeida 等对这些病毒进行了形态学研究，电子显微镜观察发现这些病毒的包膜上有形状类似日冕的棘突，故提出命名这类病毒为冠状病毒。1965 年，Tyrrell 与 Bynoe 利用胚胎的带有纤毛的气管组织首次培养出冠状病毒，此病毒在电子显微镜下可见如日冕般外围的冠状，因此被称为冠状病毒（Coronaviridae）。1975 年，病毒命名委员会正式命名冠状病毒科。目前所知，冠状病毒科只感染脊椎动物，与人和动物的许多疾病有关。自 1980 年在德国召开第一届国际冠状病毒讨论会以来，日益受到医学、兽医学和分子生物学家的广泛重视。这类病毒具有胃肠道、呼吸道和神经系统的嗜性。儿童的冠状病毒感染并不常见。

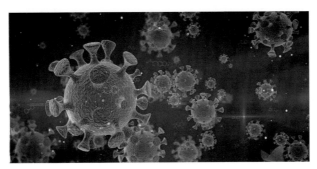

图 5-1　冠状病毒示意图

冠状病毒大事记：

1937 年，冠状病毒（Coronaviruses）首先从鸡身上分离出来。

1965 年，分离出第一株人的冠状病毒。由于在电子显微镜下可观察到其外膜上有明显的棒状粒子突起，使其形态看上去像中世纪欧洲帝王的皇冠，因此命名为"冠状病毒"。

1975 年，国家病毒命名委员会正式命名了冠状病毒科。根据病毒的血清学特点和核苷酸序列的差异，冠状病毒科分为冠状病毒和环曲病毒两个属。冠状病毒科的代表株为禽传染性支气管炎病毒（Avian infectious bronchitis virus，IBV）。

2002 年冬到 2003 年春，引起肆虐全球的严重急性呼吸综合征（Severe Acute Respiratory Syndrome，SARS）的病毒就是冠状病毒科冠状病毒属中的一种。

2011 年，国际病毒分类委员会（The International Committee on Taxonomy of Viruses，ICTV）第九次报告中将冠状病毒分为 α、β、γ 以及新假定的一个属，即 δ 冠状病毒属共四个属。

2012 年 6 月，在沙特阿拉伯一家医院内，埃及籍病毒学家 Ali Mohamed Zaki 从一位 60 岁严重肺炎死亡病例的肺组织中分离出一种新型人类冠状病毒——中东呼吸综合征冠状病毒（MERS-CoV，MERS）。

2019 年末，在中国引发疫情的冠状病毒，被命名为 2019-nCoV 新型冠状病毒。

二、冠状病毒的形态结构

冠状病毒结构示意如图 5-2 所示。冠状病毒粒子呈不规则形状，直径 60~220 nm。冠状病毒粒子外包着脂肪膜，膜表面有三种糖蛋白：刺突糖蛋白（S，Spike Protein，是受体结合位点、溶细胞作用和主要抗原位点）；小包膜糖蛋白（E，Envelope Protein，较小，与包膜结合的蛋白）；膜糖蛋白（M，Membrane Protein，负责营养物质的跨膜运输、新生病毒出芽释放与病毒外包膜的形成）。少数种类还有血凝素糖蛋白（HE 蛋白，Haemaglutinin－esterase）。冠状病毒的核酸为非节段单链（＋）RNA，长 27-31 kb，是 RNA 病毒中最长的 RNA 核酸链，具有正链 RNA 特有的重要结构特征。这一结构与真核 mRNA 非常相似，也是其基因组 RNA 自身可以发挥翻译模板作用的重要结构基础，而省去了 RNA－DNA－RNA 的转录过程。冠状病毒的 RNA 和 RNA 之间重组率非常高，病毒出现变异正是由于这种高重组率。重组后，RNA 序列发生了变化，由此核酸编码的氨基酸序列也变了，氨基酸构成的蛋白质随之发生变化，使其抗原性发生了变化。而抗原性发生变化的结果是导致原有疫苗失效，免疫失败。

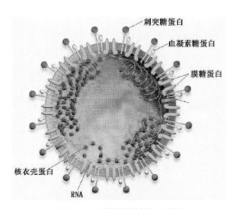

图 5-2　冠状病毒结构示意图

三、冠状病毒的分类

冠状病毒属于套式病毒目（Nidovirales）、冠状病毒科（Coronaviridae）、冠状病毒属（Coronavirus），是许多家畜、宠物包括人类疾病的重要病原，引起多种急慢性疾病。根据系统发育树，冠状病毒可分为四个属：α、β、γ、δ，其中β属冠状病毒又可分为四个独立的亚群 A、B、C 和 D 群。

尽管第一个冠状病毒在 20 世纪 30 年代就被发现，但是冠状病毒真正被引起重视是在 2002—2003 年 SARS 冠状病毒（SARS-CoV）导致的"非典"疫情波及多个国家和地区，引起了社会的恐慌后。在此之前，对冠状病毒的研究多限制在兽医领域。γ 属的 IBV 引起的鸡传染性支气管炎在鸡群中具有高度传染性，是重要的呼吸道疾病之一，对家禽的养殖业危害很大。

四、流行病学

冠状病毒感染分布在全世界多个地区，中国以及英国、美国、德国、日本、俄罗斯、芬兰、印度等国均已发现此病毒的存在。该病毒引起的感染主要发生在冬季和早春。在美国密歇根州的一次家庭检查中，证明冠状病毒可以感染各个年龄组，0~4 岁占 29.2%，40 岁以上占 22%，在 15~19 岁年龄组发病率最高。这与其他上呼吸道病毒的流行情况不尽相同，例如呼吸道合胞病毒，大多随着年龄的增加而发病率降低。另外，当冠状病毒流行时鼻病毒却不常见。

人冠状病毒可对人造成普通感冒，严重急性呼吸综合征（SARS）和中东呼吸综合征（MERS）以及新型冠状病毒肺炎（2019-nCoV），在流行病学特征上存在一定差异。在全球，10%~30% 的上呼吸道感染由 HCoV-229E、HCoV-OC43、HCoV-NL63 和 HCoV-HKU1 四类冠状病毒引起，在造成普通感冒的病因中占第二位，仅次于鼻病毒。感染呈现季节性流行，每年春季和冬季为疾病高发期。潜伏期 2~5 d，人群普遍易感。主要通过人与人接触传播。冠状病毒引发的主要症状如图 5-3 所示。

SARS 由人感染 SARS-CoV 引起，首先出现在我国广东省部分地区，之后波及我国 24 个省、自治区、直辖市和全球其他 28 个国家和地区。2002 年 11 月至 2003 年 7 月全球首次 SARS 流行中，全球共报告临床诊断病例 8 096 例，死亡 774 例，病死率 9.6%。SARS 的潜伏期通常限于 2 周之内，一般 2~10 d。人群普遍易感。SARS 病人为最主要的传染源，症状明显的病人传染性较强，潜伏期或治愈的病人不具备传染性。自 2004 年以来，全球未报告过 SARS 人间病例。

图 5-3　冠状病毒引发的主要症状

　　MERS 是一种由 MERS-CoV 引起的病毒性呼吸道疾病，于 2012 年在沙特阿拉伯首次得到确认。自 2012 年起，MERS 在全球共波及中东、亚洲、欧洲等 27 个国家和地区，80% 的病例来自沙特阿拉伯，病死率约 35%。潜伏期最长为 14 d，人群普遍易感。单峰骆驼是 MERS-CoV 的一大宿主，且为人间病例的主要传染来源，人与人之间传播能力有限。

　　2019-nCoV 于 2020 年 1 月 12 日被世界卫生组织命名。2019 年 12 月，武汉市部分医疗机构陆续出现不明原因肺炎病人。武汉市持续开展流感及相关疾病监测，发现病毒性肺炎病例 27 例，均诊断为病毒性肺炎/肺部感染。其主要传播途径为呼吸道飞沫传播和接触传播。截止到 2020 年 3 月 28 日，全球共有确诊病例 513 910 例，其中国内累计报告确诊病例 82 214 例，境外输入 649 例；海外确诊病例 431 696 例。

五、临床特点

　　冠状病毒是成人普通感冒的主要病原之一，在儿童可以引起上呼吸道感染，一般很少波及下呼吸道。冠状病毒感染的潜伏期一般为 2~5 d，平均为 3 d。典型的冠状病毒感染呈流涕、不适等感冒症状。不同型别病毒的致病力不同，引起的临床表现也不尽相同，OC43 株引起的症状一般比 229E 病毒严重。冠状病毒感染可以出现发热、寒战、呕吐等症状。病程一般在 1 个星期左右，临床过程轻微，没有后遗症。

　　冠状病毒还可以引起婴儿、新生儿急性肠胃炎，主要症状是水样大便、发热、呕吐，每天 10 余次，严重者可以出现血水样便。

冠状病毒的感染可以产生以下临床症状：

（1）呼吸系统感染，包括重急性呼吸系统综合征（SARS）；

（2）肠道感染（婴儿偶尔发生）；

（3）神经系统症状（很少）。

冠状病毒通过呼吸道分泌物排出体外，经口液、喷气、接触传染。临床上，多数冠状病毒引起轻度和自愈性疾病，但少数可有神经系统并发症。

常见的人冠状病毒（包括 229E、NL63、OC43 和 HKU1 型），通常会引起轻度或中度的上呼吸道疾病，如感冒。症状主要包括流鼻涕、头痛、咳嗽、咽喉痛、发热等，有时会引起肺炎或支气管炎等下呼吸道疾病，心肺疾病患者、免疫力低下人群、婴儿和老年人中较为常见。

MERS-CoV、SARS-CoV 和 2019-nCoV 常引起较为严重症状。MERS 症状通常包括发热、咳嗽和呼吸急促，甚至发展为肺炎，病死率约为 34.4%。SARS 症状通常包括发热、畏寒和身体疼痛，甚至发展为肺炎，病死率约为 9.6%。三者致死率对比如图 5-4 所示。2019-nCoV 常见体征有呼吸道症状、发热、咳嗽、气促和呼吸困难等。在较严重病例中，感染可导致肺炎、严重急性呼吸综合征、肾衰竭，甚至死亡。

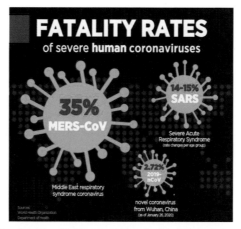

图 5-4　MERS、SARS、2019-nCoV 致死率对比（截止到 2020 年 3 月 28 日）

六、防控措施

（一）预防措施

对其预防有特异性预防，即针对性预防措施（疫苗，疫苗的研制是有可能的，但需要时间较长，解决病毒繁殖问题是其难题）和非特异性预防措施（即预防春季呼吸道传染疾病的措施，如保暖、洗手、通风、勿过度疲劳及勿接触病人，少去人多的公共场所等）。

（二）杀毒措施

病毒对热敏感，紫外线、来苏水、0.1%过氧乙酸及 1%克辽林等都可在短时间内将病毒杀死。2019-nCoV 对热敏感，56 ℃ 30 min、乙醚、75%乙醇、含氯消毒剂、过氧乙酸和氯仿等脂溶剂均可有效灭活病毒，氯己定不能有效灭活病毒。

第二节　多肽在抗冠状病毒中的应用

2019 新型冠状病毒（2019-nCoV）是一种源起于武汉华南海鲜市场的可感染人的冠状病毒，现已在中国广泛传播。截至 2020 年 3 月 29 日，全球已经报道确诊病例超过 60 万例。虽然研制针对新型冠状病毒特定靶点的疫苗，小分子药物和生物学疗法非常必要，但这些研究周期非常长，难以对目前奋战一线的医护人员和患者提供实际的帮助（图 5-5）。新型冠状病毒与 SARS 冠状病毒（SARS-CoV, Gen-Bank ID：NC_004718.3）在基因组上有 82%同源性，几种关键酶更是有超过90%的相似性。此前针对 SARS 冠状病毒和中东呼吸道感染综合征（MERS-CoV）的药物研究成果可能可直接应用到针对新型冠状病毒的治疗中。

图 5-5　新型冠状病毒疫苗开发迫在眉睫

自 2002 年底在我国广东地区报告首例非典型肺炎（SARS）以来，引起了世界科学家、医学界对"非典"传染性疾病及 SARS 病毒的研究。中国科学院 2003 年 4 月 29 日在网上发表了关于《多肽有望阻止"非典"》的文章。5 月 10 日 19 时中央电视一台《新闻联播》播了中国科学院武汉分院病毒研究所，用多肽对付 SARS 病毒研究进展的新闻。5 月 11 日中央电视一台《晚间新闻》播出鸡尾酒疗法发明人、华裔科学家、艾滋病研究专家何大一博士用多肽阻止 SARS 病毒入侵人体细胞的报道。5 月 11 日新华网刊登的新华社香港分社发布的重要新闻《香港研究表明：可利用合成多肽阻止"非典"病毒》。5 月 21 日，新华网发表了《科学研究成果表明多肽阻止非典 九生堂让利百万》；5 月 30 日，新华网发表了《"中国肽谷"当家人解读"多肽阻止非典论"》。以上报道的科学研究成果表明，多肽具有抗冠状病毒，阻止病毒入侵人体细胞的功能。这一点已经获得了科学界的认可。

一、研究现状

阻断与治疗冠状病毒感染的相关研究大致包含药物治疗和免疫治疗。其中药物治疗包括临床批准药物、蛋白酶抑制剂、核酸类药物、抗病毒多肽。免疫治疗包括恢复期血浆治疗和特异性单/多克隆抗体。

学者们对抗病毒多肽领域的研究兴趣日益浓厚。目前临床上已经对大约 140 种肽类药物进行了综合评估。

多肽抗病毒的优势主要为：多肽抑制蛋白质相互作用；用作难以靶向的疾病的替代物；有提高多肽半衰期的先进技术；较短的进入市场时间。

目前研究表明，许多肽抑制剂对冠状病毒显示出有效的抑制活性。Lu 等人设计了两个多肽：HR1P和HR2P，能干扰病毒包膜和宿主细胞膜的融合达到抗病毒的作用。肽的发现、使用及修饰，确保了多肽作为新型抑制剂在临床试验中的应用潜力。下表中列举了目前正在研究的抗冠状病毒肽。模拟多肽抑制剂与新型冠状病毒2019-nCoV的主蛋白结合如图5-6所示。

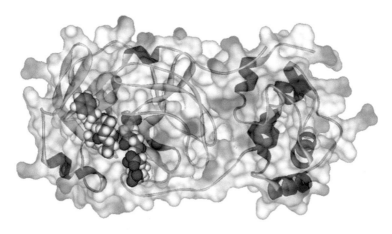

图5-6　模拟多肽抑制剂与新型冠状病毒2019-nCoV的主蛋白结合

在2002—2003年的SARS治疗研究中，多肽就起到了重要作用。中国科学院上海生命科学研究院孙兵教授定制了大量用于对抗冠状病毒的表面抗原肽，进行疫苗筛选。中国科学院上海生命科学研究院孙兵教授团队的研究成果授权了专利《一种SARS冠状病毒多肽抗原及其应用》。

多肽药物胸腺五肽和胸腺a1可以调节和增强人体免疫机制，在临床上具有抗衰老、抗病毒复制、抗肿瘤细胞分化的作用，在抗击非典过程中供不应求。候选冠状病毒多肽见表5-1。

表5-1　候选冠状病毒多肽

肽	序列	来源	病毒	TC50/S1	IC50	应用模型
WW-Ⅲ	GYHLMSFPQAAPHGV-VFLHVTW	S2	SARS-CoV	无差异	~2 μM	VeroE6, L2
WW-Ⅳ	GVFVF-NGTSWFITQRNFFS	S2	SARS-CoV	无差异	~2 μM	VeroE6, L2
WW-Ⅳ	GYFVQDDGEWK-FTGSSYYY	S2	MHV	无毒性	4 μM	VeroE6, L2

续表

肽	序列	来源	病毒	TC50/S1	IC50	应用模型
P1	LTQINTTLLDLLTYEM-LSLQQVVKALNESY-IDLKEL	HR2	MERS-CoV	—	~3.013 μM	293T
L	SIPNFGSLTQINTTLLD-LTYEMLSLQQV-VKALNESYIDLKELGNY	HR2	MERS-CoV	—	0.5 μM	293T/EGF-P+Huh-7
P	SLTQINTTLLDLTYEM-LSLQQVVKALNESY-IDLKEL	HR2	MERS-CoV	SI>1 667	0.97±0.15 μM	2937/EGF-P+Huh-7
P-M1	SLTQINTTLL-DLEYEMRSLQQV-VKALNESYIDLKEL	HR2	MERS-CoV	—	0.85±0.08 μM	293T/EGF-P+Huh-7
P-M2	SLTQINTTLLDLEYEMK-KLEEVVKKLEESY-IDLKEL	HR2	MERS-CoV	—	0.55±0.04 μM	293T/EGF-P+Huh-7
P9	NGAICWGPCPTAFRQI-GNCGHFKVRCCKIR	β-4	MERS-CoV SARS-CoV	低毒性	5 μg/mL	Mice
K29	FGGASCCLYCRCHIDH-PNPKGFCDLKGKY	nsp10	SARS-CoV	—	160 μg/mL	E.coli
K12	GGASCCLYCRCH	nsp10	SARS-CoV	—	160 μg/mL	E.coli
HR2P	SLTQINTTLLDLTYEM-LSLQQVVKALNESY-IDLKEL	HR2	MERS-CoV	SI>1 667	0.6 μg/mL	Vero
P	SLTQINTTLLDLTYEM-LSLQQVVKALNESY-IDLKEL	HR2	MERS-CoV	SI>1 667	0.6 μg/mL	Calu-3
P	SLTQINTTLLDLTYEM-LSLQQVVKALNESY-IDLKEL	HR2	MERS-CoV	—	13.9 Mm	HFL
Mut-M1	LFRLIKSLIKRLVSAFK	AMP	SARS-CoV	TC50=70.46, SI=9.85	7.15 μg/mL	MDCK

续表

肽	序列	来源	病毒	TC50/S1	IC50	应用模型
H	HVTTTFAPPPPR	pAPN	TGEV	0.55（490 nm）	11 μg/mL	ST
S	SVVPSKATWGFA	pAPN	TGEV	0.5（490 nm）	15 μg/mL	ST
11b	YKYRYL	RBD	SARS-CoV	无毒性	KD=46 μg	VeroE6
P8	PSSKRFQPFQQFGRD-VSDFT	S	SARS-CoV	—		293T
P9	CANLLLQYGSFCTQLN-RALSGIA	S	SARS-CoV	—		293T

二、作用机理

从免疫的角度上讲，就是诱导和促进 T 细胞分化、成熟；调节 T 细胞亚群比例，使 CD4/CD8 趋于正常；增强巨噬细胞的吞噬能力；增强红细胞免疫功能；提高自然杀伤细胞（NK）活力；提高白介素-2（IL-2）的产生水平和受体表达水平；增强外周血单核细胞 γ-干扰素的产生；增强血清中 SOD 活性；可显著增加淋巴细胞功能；能有效地防止辐射和放化疗及其他污染中毒后白细胞数量的减少；能有效地抑制肿瘤细胞生长；可以防止恶性肿瘤放化疗引起的 CD4+降低，起到改善免疫功能的作用。

从直接的角度讲，多肽与冠状病毒均对人体细胞膜有融合力，可直接穿透人体细胞膜，进入细胞。但多肽、冠状病毒都未进入细胞前，多肽可阻止冠状病毒进入人体细胞；对已经进入人体细胞的冠状病毒，多肽进入细胞后，可立即加入与冠状病毒的竞争，因多肽具有极强的活性和多样性，在"竞争"中，占主导地位和绝对优势，可将冠状病毒排出细胞膜外，使冠状病毒无法再进入人体细胞，从而达到阻止冠状病毒的目的。这与美籍华裔何大一的"多肽阻止非典论"的观点极为吻合。

从治疗的角度上讲，多肽可合成细胞，调节细胞。对受损、衰弱、感染、发炎的细胞膜和细胞，可起到修复、增活、激活、消炎、保护的作用；对凋亡、减少的细胞，可起到重新合成重生。多肽对人体细胞还可起到调节作用，促进细胞的新陈代谢，增强细胞的活力、活性。

从多肽与冠状病毒在人体内的力量对比的角度上讲，人体的一切活性物质都是以多肽的形式存在的。人体有成百上千种肽，人的大脑中的肽数量最多，其次，就是器官中的含量也很多。当人体感染冠状病毒时，从数量和力量的悬殊对比上讲，冠状病毒均占劣势。多肽化合物以其特有的生物学功能，宣战冠状病毒。一是众多的多肽进入人体细胞，将冠状病毒排出体外；二是阻止冠状病毒进入人体细胞；三是多肽在人体和人体细胞中存活时间长、分布广，生成代谢快，而冠状病毒在人体被多肽排斥时的存活时间较短，在它们无法入侵人体细胞的条件下，存活一段时间便死亡。

科学家已发现多种多肽可阻止冠状病毒，所有被认定的多肽都有阻止冠状病毒的作用，只是作用的大小和强度不同而已。曾有专家建议利用这种新物质，对取自患者身体的受病毒感染的细胞进行试管培养实验。后证实，新物质能够抑制病毒的生长，阻止病毒入侵人体细胞。

三、新型冠状病毒的紧急预防与治疗策略

（一）研究概况

在目前新型冠状病毒传播途径不明晰的背景下，为控制病毒的传播和改善病人的预后状况，发展公共卫生和医药防治方法迫在眉睫。全基因组测序显示新型冠状病毒（2019-nCoV）与其近亲 SARS 冠状病毒（SARS-CoV）有非常强的序列相似性。2019-nCoV 感染宿主靶细胞的 spike 蛋白相对于 SARS-CoV 显现一些关键的非同义突变，这可能导致已有针对 SARS 冠状病毒 spike 蛋白为靶点的治疗方法和药物对 2019-nCoV 的有效性下降，但生物制剂和环状多肽类药物提供了潜在靶点。此外，RdRp 蛋白和 3CLpro 蛋白在内的关键药物靶点与 SARS-CoV 共有极高的大于 95% 的序列相似度。因此，已经有四种潜在药物（ACE2 多肽，雷姆昔韦Remdesivir，3CLpro-1 和一种新型乙烯基砜蛋白酶抑制剂）可能用于针对 2019-nCoV 感染的治疗。同时，前人也进行了这些靶点的药物研究工作，希望对今后相关的广谱抗新型冠状病毒药物的研究提供指导信息。

（二）最新研究进展

得益于中国研究人员极其迅速地完成了该病毒的分离和测序研究，可获知的该病毒全基因组序列（GenBank ID: MN908947.3）为治疗方法的研究奠定了基础。冠状病毒依赖其表面表达的 spike 蛋白实现对其宿主细胞表面受体的结合，进而进入受

体细胞。对于新型冠状病毒，有研究表明其细胞表面受体为血管紧缩素转化酶2（ACE2）。在病毒进入受体细胞之后，病毒RNA直接与宿主的核糖体结合，翻译出两条大体量的共同终端的蛋白，经蛋白酶解过程后直接用于新病毒颗粒的组装。两种参与蛋白酶解过程的关键蛋白酶分别为冠状病毒主蛋白酶（3CLpro）和木瓜蛋白酶样蛋白酶（PLpro）。为复制其RNA基因组，冠状病毒编码一基于RNA的RNA聚合酶（RdRp）作为其复制酶，以上四种蛋白对该病原体不可或缺。目前已有针对spike，RdRp，3CLpro和PLpro四种蛋白为靶点的治疗方法可能可应用于针对新型冠状病毒的治疗。

1. Spike 蛋白

新型冠状病毒与SARS冠状病毒均编码一大相对分子质量spike蛋白（2019-nCoV：1 253 个氨基酸；SARS-CoV：1 273 个氨基酸），两种不同病毒来源的spike蛋白序列相似度为76%，但蛋白的N端存在大量变异。Spike蛋白含有三个亚基，S1，S2和S3。SARS病毒的S1亚基包含一个与ACE2蛋白有着高亲和性的受体结合区域（RBD），负责识别细胞的受体。现有的研究表明新型冠状病毒亦含有该受体结合区域以用于与ACE2蛋白的结合及后续的细胞膜融合。我们对RBD受体结合区域进行序列比对，发现两种病毒有73.5%的序列相似性。然而，新型冠状病毒与ACE2蛋白受体直接作用的区域内存在大量非保守性突变。SARS冠状病毒spike蛋白和ACE2受体络合物的晶体和冷冻电镜结构都表明只有区域1和区域2通过氢键相互作用和疏水相互作用与ACE2结合。因新型冠状病毒的这两个关键区域的某些氨基酸残基被替代，这可能导致氢键相互作用和疏水相互作用减弱。

SARS病毒、灭活SARS病毒、DNA疫苗和病毒载体疫苗，并已经被成功应用于针对动物SARS冠状病毒的疫苗防护。相似的策略也可能可应用于针对新型冠状病毒的疫苗开发。SARS冠状病毒spike蛋白在受体结合和膜融合上的作用使得它成为疫苗研发和抗病毒药物的良好靶点。直接将新型冠状病毒2019-nCoV的RBD区域与免疫增强佐剂相结合作为疫苗，直接触发人体针对其RBD区域的抗体合成，以中和新型冠状病毒。

研究开发能够与新型冠状病毒RBD区域产生强相互作用的新抗体和多肽用于阻断病毒与细胞受体的相互作用尤为关键。许多研究小组已经发展了构建大环多肽文库的方法，并将它们应用于针对药物靶点的快速筛选方法。将这些多肽库应用于针对新型冠状病毒RBD区域或者两个与ACE2蛋白相互作用的区域可能快速筛选出针对新型冠状病毒的大环多肽药物。

2. RpRd 蛋白

虽然新型冠状病毒与 SARS 冠状病毒在基因组上只有 82% 相似性，但两者的 RpRd 蛋白却有极高的 96% 相似性。RpRd 蛋白有一个大而深的凹槽结构区作为 RNA 合成的活性中心。两种病毒的 RpRd 蛋白残基上的差异都发生在远离这一活性中心的区域。这两种酶的高序列保守型使得针对 SARS 病毒 RpRd 蛋白为靶点发展的高活性抑制剂很可能也能有效抑制新型冠状病毒 RpRd 酶。一些已经获批的和在研的核苷类似物药物，它们可能具有治疗新冠病毒的潜力。这些药物包括法匹拉韦（favipiravir）、利巴韦林（ribavirin）、瑞德西韦（remdesivir）和 galidesivir。核苷类似物通常为腺嘌呤或鸟嘌呤的衍生物，它们能够被 RpRd 使用合成 RNA 链，在包括人类冠状病毒在内的多种 RNA 病毒中阻断病毒 RNA 的合成。

3. 3CLpro 和 PLpro

3CLpro 和 PLpro 是两种在复制和包装新一代病毒过程中起作用的蛋白酶，二者可处理从基因组 RNA 到结构或非结构蛋白的多肽翻译。PLpro 也可作为去泛素酶，其功能是去泛素化宿主细胞蛋白如干扰素因子 3（IRF3），以及灭活核因子活化 B 细胞轻链增强子 vated B 细胞（NF- B）的途径，而这会使感染病毒的宿主细胞受到免疫抑制。正是因为这两种蛋白酶关乎病毒的复制和控制宿主细胞，对病毒至关重要，使它们成为可行的抗病毒药物的靶点。与 RdRp 蛋白类似，2019-nCoV 和 SARS-CoV 在 3CLpro 编码上有 96% 的显著的序列同一性。3CLpro 会自动形成二聚体，它的每个单体包含两个区域，即 N 末端催化区域和 C 末端区域。在催化区域上大多数显示两种病毒之间差异的氨基酸残基是在蛋白表面上。虽然 S46（2019-nCoV）/ A（SARS-CoV）可能与结合到活性位点的底物或抑制剂有相互作用，但其从 A（丙氨酸）到 S（丝氨酸）的小的结构变化应当不会显著改变小分子抑制剂与活性位点的结合。能有效抑制 SARS-nCoV 3CLpro 的小分子抑制剂预计对 2019-nCoV 3CLpro 具有相似的作用。

与 3CLpro 不同，来自两种病毒的 PLpro 仅共享 83% 的序列同一性。两种病毒之间不同的氨基酸残基几乎覆盖 PLpro 的所有表面。氨基酸组成的显著性变化可影响两种 PLpro 酶与其配体的相互作用。但是，形成活性位点的三个二级结构成分在两个 PLpro 蛋白中没有变化。因此，针对 SARS - CoV PLpro 开发的抑制剂可能也适用于 2019-nCoV PLpro 。

（三）其他多肽治疗进展

除了抗病毒小分子药物、抗体疫苗等大分子药物、中药等正在进行临床试验外，肽类药物也是一个重要的研究方向。复旦大学联合上海科技大学、美国 Scripps 研究所及中国疾控中心、纽约血液中心在 Science Advances 发表论文，详细描述了广谱抗冠状病毒多肽抑制剂 EK1 的研发。研究表明衍生自冠状病毒蛋白的 HR2 区域的多肽可以竞争性地抑制病毒 6-HB 的形成，从而阻止病毒融合和进入宿主细胞。例如，源自 SARS-CoV 刺突蛋白 HR2 区域的肽 CP-1 能够以类似于针对 MERS-CoV 感染的 MERS-HR2P 的方式抑制 SARS-CoV 的进入。但是，这些肽缺乏针对异源 HCoV 的广谱抗病毒活性。另一方面，CoV 融合核心 HR 区域分为两组：短 HR（例如 MERS-CoV，SARS-CoV 和 OC43 HR）和长 HR（例如 229E 和 NL63 HR）。短 HRs 和长 HRs 之间的差异在于长 HRs 中插入了 14 个氨基酸，这进一步增加了设计广谱肽融合抑制剂的难度。为了解决这一挑战，成功筛选了具有广谱融合抑制活性的肽 OC43-HR2P。此外，修饰的 OC43-HR2P 肽 EK1 在抑制多种 HCoV 感染方面表现出了很大潜力。体内研究表明，经鼻途径施用 EK1 具有很高的保护作用和安全性，突出了其临床潜力。此外，EK1 与来自不同 HCoV 的 HR1 的复合结构的研究解释了 HR1-EK1 相互作用的机制，进一步表明 HR1 区域可以作为广谱 pan-CoV 融合抑制剂发展的有效靶点。EK1 作为抗多种 HCoV 感染的抗病毒剂，尤其是用于婴儿和老年人以及免疫力低下的患者（可能更易受 HCoV 感染），有望作为进一步开发的抗病毒药物。同时，这项研究为开发具有潜力和广度的肽融合抑制剂提供了线索和方法，以抑制其他高致病性包膜的具有 I 类膜融合蛋白的其他病毒的感染，例如埃博拉病毒和马尔堡病毒，亨德拉病毒和尼帕病毒以及流感病毒。

第六章　活性肽的制备

第一节　常用活性肽制备方法

一、化学合成技术

（一）固相合成法

1963 年，美国人梅里菲尔德（Menifield）首次发明了固相多肽合成方法（SPPS 技术），这个在多肽化学上具有里程碑意义，一出现就由于其合成方便、迅速，成为多肽合成的首选方法，而且带来了多肽有机合成上的一次革命，并成为一门独立的学科——固相有机合成（SPOS），梅里菲尔德也因此荣获了 1984 年诺贝尔化学奖。梅里菲尔德经过反复的筛选，最终摒弃了苄氧羰基（Z）在固相上的使用，首先将叔丁氧羰基（Boc）用于保护 α-氨基，并在固相多肽合成上使用，同时，他在 60 年代末发明了第一台多肽合成仪，并首次合成生物蛋白酶、牛胰核糖核酸酶（124 肽）。

1972 年，罗·卡皮诺（Lou-Carpino）首先将 9-芴甲氧羰基（Fmoc）用于保护 α-氨基，其在碱性条件下可以迅速脱除，10 min 就可以反应完全，而且由于其反应条件温和，迅速得到广泛应用，用这种方法为基础的各种肽自动合成仪也相继出现和发展，并不断得到改造和完善。同时，这一方法在固相合成树脂、多肽缩合试剂以及氨基酸保护基，包括合成环肽的氨基酸正交保护上也取得了丰硕的成果。

　　多肽合成其实就是一个重复添加氨基酸的过程，固相合成顺序一般是从 C 端向 N 端合成，主要的方法现阶段就上述两种方法：Fmoc 和 Boc。其中 α-氨基用 Fmoc 保护的称为 Fmoc 固相合成法，α-氨基用 Boc 保护的称为 Boc 固定合成法，现在多采用的是 Fmoc 法。

　　（1）去保护：Fmoc 保护的柱子和单体必须采用同一种碱性溶剂去除氨基的保护基团。

　　（2）激活和交联：下一个氨基酸的羧基被活化剂活化。活化的单体与游离的氨基反应交联，形成肽键。

　　上述两个步骤循环进行直到多肽合成完成。

　　（3）洗脱和脱保护：多肽从柱上洗脱下来，其保护基团用脱保护剂（如三氟乙酸，TFA）进行洗脱和脱保护。

　　以简单的二肽合成为例说明：氯甲基聚苯乙烯树脂作为不溶性的固相载体，首先将一个氨基被封闭基团保护的氨基酸共价连接在固相载体上。在三氟乙酸的作用下，脱掉氨基的保护基，这样第一个氨基酸就接到了固相载体上。然后氨基就被封闭的第二个氨基酸的羧基通过 N，N'-二环己基碳二亚胺（Dicyclohexylcarbodiimide，Dcc）活化，羧基被 DCC 活化的第二个氨基酸再与已接在固相载体的第一个氨基酸的氨基反应形成肽键，这样在固相载体上就生成了一个带有保护基的二肽。

　　重复上述肽键形成反应，使肽链从 C 端向 N 端生长，直至达到所需要的肽链长度。最后脱去保护基，用 HF 水解肽链和固相载体之间的酯键，就得到了合成好的肽。

　　固相合成的优点主要表现在简化并加速了各步骤的合成。由于最初的反应物和产物都是连接在固相载体上，因此可以在一个反应容器中进行所有的反应，避免了因手工操作和物料重复转移而产生的损失，也便于自动化操作；加入过量的反应物可以获得高产率的产物；固相载体上的肽链和轻度交联的聚合链紧密混合，彼此产生相互的溶剂效应，对多肽自聚集热力学不利，但对反应来说却非常适宜。

　　化学合成多肽现在可以在程序控制的自动化多肽合成仪上进行。梅里菲尔德成功合成了舒缓激肽（九肽）和牛胰核糖核酸酶（124 肽）。1965 年 9 月，中国科学家在世界上首次人工合成了牛胰岛素。

　　固相合成法生产出来的肽较酶法生产出来的肽（酶法多肽）的最大劣势在于没有极强的活性和多样性。此外，固相载体上中杂肽无法分离，造成终产物的纯度不高。

（二）液相合成法

1953 年，维格诺德（Vigneaud）和他的合作者首次合成了催产素，所采用的方法就是液相合成法。经典的液相合成包括逐步合成和片段组合合成两种基本的途径。

逐步合成是指将氨基酸逐个加入多肽序列中，直到多肽合成完毕。通常合成从 C 端开始（有时也可从 N 端开始，称为"反向多肽合成"）。以催产素的合成为例，其所有氨基酸都是以苄氧羰基和对硝基酚酯相匹配的形式逐步加到甘氨酸乙酯上，然后保护的中间体用溴化氢或水脱保护，羧端的乙酯在保护的三肽阶段转化为酰胺，保护的中间体可以用沉淀或用乙酸乙酯洗脱而得到纯化，Cys 中的巯基通过苄基（苯甲基）保护，用钠或液氨除去苄氧羰基和苄基后，开链的九肽酰胺（催产素）用空气氧化环合，经过逆流分布纯制，就可以得到高生物活性的催产素。

鉴于使用逐步合成法提纯的难度，合成的多肽一般只有 5 个或者 6 个氨基酸长度，而且方法也比较烦琐，但同时也有操作简单、成本低的优点，所以目前在液相合成中使用的较为普遍。

片段合成法是在逐步合成发明之后的一个大的突破，为合成 100 个以上的氨基酸肽链提供了有效的方法，较逐步合成具有较易纯化的优点。片段合成法可分为叠氮法、DCC 法、混合酸酐法、六甲基磷酰胺活泼衍生物法等。

总体来说，大多数的经典化学反应都是在溶液中进行的。液相反应的优点是：

（1）在溶液相合成中，可以使用先前所有的有机合成方法而没有任何的限制；

（2）反应物均一混合并且快速移动使得反应机会增加；

（3）在加热反应的例子中，热能通过溶液中的分子分散而被均匀转移；

（4）大量反应可以通过控制反应釜的大小和反应物的数量而实现；

（5）可以在每个步骤提纯并且分析反应化合物。

但同时液相合成也有缺点：

（1）在反应完成之后，需要的化合物和副产物都相互混合，需要溶液化学中的分离步骤；

（2）如果使用过量试剂以获得高产量，则需要提纯试剂；

（3）如果起始物质或副产物（或需要的化合物）易挥发或沉淀，则反应最后易分离；但若不是，则就需要一个比较困难的后处理工作——萃取或色谱，因此，液相合成的后处理过程通常需要更多的时间和精力；

（4）自动化溶液相合成由于提纯程序非常复杂，因而合成过程难以实现。

用此法生产出来的肽的最大劣势是缺乏活性和多样性。

二、分离提取法

分离提取法主要用于从人体的血液、组织、腺体中获得肽。其主要工艺流程如下。

（一）溶解

由于肽源于蛋白，故应先将带有活性肽的蛋白质溶解。首先要进行细胞破碎和固液分离，这是全过程的第一步，也是肽分离纯化阶段的重要环节，它直接影响到产物的回收率和产物的纯度。

（二）匀浆

匀浆是使机体组织破碎的常用方法之一。它的工作原理是通过固体剪切力破碎组织和细胞，释放蛋白质或肽类进入溶液。匀浆器有刀片式组织破碎匀浆器、内切式组织匀浆器、玻璃匀浆器和用于规模生产的高压匀浆器四种。

（三）超声波破碎

输入高能超声波破碎肽组织。其工作机理是，当强声作用于溶液时会产生气泡，气泡长大和破碎出现空化现象，空化现象引起冲击波和剪切力使细胞裂解。超声波破碎在处理少量样品时，操作简便，液量损失少，适用于实验应用。

（四）提取

提取是在分离纯化之前将经过预处理或破碎的细胞置于溶剂中，使被分离的生物大分子充分释放到溶剂中，并尽可能保持原来的天然状态，不丢失生物活性的过程。这一过程是将目的产物与细胞中其他化合物和生物大分子分离，即由固相转入液相，或从细胞内的生理环境转入外界特定的水溶液中。

蛋白质或肽类提取一般以水溶液为主，稀盐溶液和缓冲液对蛋白质或肽类的稳定性好，溶解度大，这是提取蛋白质或肽类的最常用的溶剂。用水溶液提取蛋白质或肽类时应注意盐溶变化、pH 值和温度等对提取蛋白或肽类的影响，必要时控制这些因素，以减少杂蛋白或肽类对被提取物的干扰。

一些与脂类结合较牢固、分子中非极性侧链较多的蛋白质或多肽，难溶于水和稀盐、稀酸或稀碱溶液中，这时就需用不同比例的有机溶剂来提取。常用的有机溶剂有乙醇、丙酮、异丙醇和正丁酮等。这些溶剂可以与水互溶或部分互溶，同时它们有亲水性和亲脂性，因此常用来提取含有非极性侧链较多的蛋白质或肽类。

另外还有分离纯化法、盐析法、高效液相色谱法（离子交换色谱、凝胶色谱、反相高效液相色谱、亲和层析）、电泳法（毛细管区带电泳、毛细管等电聚焦电泳、毛细管凝胶电泳）等。

分离提取法生产出来的肽大多都做成了药或针剂，如胸腺肽、胸腺五肽、干扰素、白细胞介素Ⅰ、白细胞介素Ⅱ、白细胞介素Ⅲ、人血清白蛋白、免疫球蛋白、丙种球蛋白、肿瘤细胞坏死因子等，因其有排异过敏反应，所以只能在有病的时候使用，且必须在医生的监督下使用，一旦出现过敏，抢救不及时就会危及生命。

三、基因表达法

（一）基因表达法的翻译

翻译是蛋白质生物合成过程中的第一步，翻译是根据遗传密码的中心法则，将成熟的信使 RNA（mRNA）分子中"碱基的排列顺序"（核苷酸序列）解码，并生成对应的特定氨基酸序列的过程。

翻译过程严格按照碱基互补配对原则进行。DNA—RNA 配对原则如下：

A（腺嘌呤）——U（尿嘧啶）；

T（胸腺嘧啶）——A（腺嘌呤）；

G（鸟嘌呤）——C（胞嘧啶）；

C（胞嘧啶）——G（鸟嘌呤）。

以 mRNA 作为模板，tRNA 作为运载工具，在有关酶辅助因子和能量的作用下将活化的氨基酸在核糖体（亦称核蛋白体）上装配为蛋白质多肽链的过程，称为翻译。

从核糖体上释放出来的多肽需要进一步加工修饰才能形成具有生物活性的蛋白质，也就是译后加工的过程。翻译后的肽链加工包括肽链切断，某些氨基酸的羟基化、磷酸化、乙酰化、糖基化等。真核生物在新生肽链翻译后将甲硫氨酸裂解掉。有一类基因的翻译产物前体含有多种氨基酸顺序，可以切断为不同的蛋白质或肽，例如胰岛素（51 肽）是先合成 86 个氨基酸的初级翻译产物，称为胰岛素原，胰岛素原包括 A、B、C 三段，经过加工，切去其中无活性的 C 肽段，并在 A 肽和 B 肽之间形成二硫键，这样才得到由 51 个氨基酸类组成的有活性的胰岛素。

（二）基因表达法的优劣势

1. 优点

成本低，可大规模生产。还可以生产一些原来只能靠提取得到的量极少且不能作为药品的产品。

2. 缺点

有些具有极强活性和多样性的肽，用此技术还无法合成。与有些肽的化学合成或酶法蛋白质人工合成的肽相比工艺复杂等。

四、其他常用方法

（一）酸解法

酸解法主要通过化学强酸催化（降解）食物大分子蛋白质。这种方法技术投资大，设备复杂，工艺烦琐，生产出来的肽相对分子质量分布和氨基酸组成不稳定，因其相对分子质量和氨基酸组成难以控制，无法确定其功能。

（二）碱解法

碱解法就是用化学强碱对动植物蛋白质进行催化（降解）。这种方法同酸解法大同小异，都是投资大、设备复杂、工艺烦琐，生产出来的肽相对分子质量段分布不均、不稳定，无法确定其功能，很难实现批量生产。这种技术生产肽，一直是在实验室进行，未实现工业化生产。

第二节　新式活性肽制备方法

用生物酶催化生产蛋白质的方法称为酶法，用这种方法获得的多肽叫做"酶法多肽"。酶法多肽于 20 世纪被发现，是 α-氨基酸以肽链连接在一起而形成的化合物，是蛋白质水解的中间产物。

酶法多肽是以蛋白酶降解食物蛋白质获得的多肽。其中以蛋白酶对卵蛋白、乳蛋白、鱼蛋白等动物蛋白降解获得的多肽居多，这些产品都有增强免疫的生理功能。

一、里程碑式的发现

酶法多肽一词最早出现于 1996 年，邹远东用生物酶催化蛋白质获得多肽取得了巨大成功。当年的《人民日报·海外版》对外报道了这一消息，引起了全世界的关注。

中国发明协会成果转化中心主任邹定国在清华大学代表中国发明协会介绍"酶法多肽"重大发明时说，"酶法多肽"重大发明是经中国科学院、中国工程院两院有关院士及科学技术有关领导和中国发明协会等国内著名科技机构共同评审和推荐的新中国成立 60 年、中国发明协会成立 25 年来中国民间"四大发明"之一，他还说，"酶法多肽"重大发明是人类营养史上的一座里程碑。人类营养学、医学、生物学、食品科学一直都在研究、发现和认识人类新营养，以促进人类健康和长寿。

过去的科学认为，人体吸收蛋白质主要是以氨基酸的形式吸收。因此，氨基酸成为 20 世纪人类蛋白质营养的"第二表现形式"。20 世纪末，通过对这一领域的研究发现，动物吸收蛋白质主要是以小肽的形式吸收，其次才是以氨基酸的形式吸收。在对动物进行大分子蛋白喂养、解剖时发现：在动物小肠的近端，有大量的小肽集结；在动物小肠的末端，有少量的氨基酸集结。这表明，小肽和氨基酸在人体不同的部位被吸收，小肽在小肠的近端就被吸收，而氨基酸是在小肠的末端被吸收，过去的研究忽视了小肽吸收部位这一发现。这一重大发现丰富并改写了人体吸收蛋白质的主要是以氨基酸形式吸收的认知，即人体吸收蛋白质主要是以小肽的形式吸收。实验中不仅发明了小分子活性肽，而且还发现了小肽在动物体的吸收部位、吸收特点、吸收速率和吸收率。

"酶法多肽"发明的重大意义在于给 21 世纪的人类提供了一种崭新的蛋白质营养。这种蛋白质营养肽不是普通意义的大分子蛋白质，也不是过去人们认知的蛋白质的"第二表现形式"——氨基酸，而是介于大分子蛋白质和氨基酸之间的一段最具活性的氨基酸链，它具有重要生物学功能，不需消化，直接吸收，吸收时不需要耗费人体能量，不需要人的肝脏合成，直接进入人体细胞，转化成蛋白质，发挥生理功能和生理活性。这种小分子肽在进入人体时，可与人服食的钙及各种微量元素整合而避免其流失，还可作为运输工具或载体，将人们所食的各种营养以自身的动力和运输功能输送到人体所需的部位。它还作为神经递质，在人体中起着"信使"的作用。

酶法多肽既没有多肽激素可能导致的排异和过敏反应，也没有酸解、碱解的化学副作用，它有着人体内源肽样的活性和功能，是人体内的蛋白质降解和蛋白质代谢的底物，也是形成人体蛋白质的重要物质。

二、酶法多肽的作用

蛋白质占人体干重的 45%，是组成人体的重要物质。食物中的大分子蛋白质经人体唾液中的酶、胃蛋白酶、胰酶、淀粉酶、内肽酶，人体的酸性物质（胃酸），碱性物质（胆汁）等进行降解（消化），而变成小肽、氨基酸、蛋白胨，还有一部分没有降解彻底的大分子蛋白质。小肽直接被人体吸收，氨基酸通过肝脏合成肽，被人体利用，而蛋白胨和大分子蛋白质则被排出体外。

小肽被人体吸收后直接被人体细胞、血液和组织利用，而氨基酸被人体吸收后还要通过肝脏合成小肽，才能被人体细胞、血液和组织利用。小肽与氨基酸在人体内是两个不同的吸收机制，因此，小肽与氨基酸在人体内不会产生吸收竞争。小肽较氨基酸更易、更快地被人体吸收和利用，而且数据显示，其吸收率较氨基酸高 26%。

（一）营养免疫

由于外界和自身的某些原因，人体内蛋白质类营养缺失会出现面黄肌瘦、免疫功能低下、抵抗力下降等不同程度的疾病。及时补充肽类物质成为人体健康的极大保证。

酶法多肽是一种具有极强活性的小分子蛋白，蛋白相对分子质量段在 200~1 000 Da 之间，由 2~9 个氨基酸组成。食后不需消化，直接吸收，在小肠近端吸收后直接进入循环系统，被细胞组织利用。及时摄取多肽，可快速补充氮源，合成人体蛋白质，强壮免疫器官，增强免疫功能。

（二）生理免疫

酶法多肽在进入人体循环系统和组织后，能刺激机体的免疫系统发生特异性免疫反应。此类多肽进入人体后，可作为抗原，不需要 T 细胞的辅助就能直接刺激 B 细胞产生抗体。但多肽进入人体后，可诱导和促进 T 细胞分化、成熟；刺激 B 细胞产生并分泌免疫球蛋白（抗体）参与人体免疫反应；提高自然杀伤细胞（NK）活力，在无抗体参与的情况下，杀伤肿瘤细胞，发挥广谱抗肿瘤、抗感染作用，参与免疫调节；刺激 K 细胞，杀伤不易被吞噬的病原体，如寄生虫、恶性肿瘤细胞等；刺激 N 细胞的杀伤能力；刺激吞噬细胞的吞噬能力，提高其吞噬消化功能、分泌功能，参与免疫应答、免疫调节过程，并抗感染、抗肿瘤；增强红细胞免疫功能；提高白细胞介素 H（IL-2）的产生水平和受体表达水平；增强外周单核细胞 γ-干扰素的产生；增强血清中 SOD 活性；可显著增加淋巴细胞功能；能有效抑制肿瘤细胞的生长；可防止恶性肿瘤放化疗引起的 CD^{4+} 降低。

总之，酶法多肽是可食免疫剂，可全面增强人体免疫功能和免疫调节，是一种现代新型免疫剂。

（三）抗辐射功能

人们日常生活中接触较多的有害辐射，一是电磁辐射，包括无线电波、紫外线、可见光、X 射线、γ 射线等；二是电离辐射，包括 X 射线、γ 射线、放射性元素、α 粒子、β 粒子等；三是一切能量在 12 V 以上的电子辐射；四是日常生活中的辐射源，如家用电器、电脑、手机、电线电缆、装饰材料等。

辐射对人体的危害主要有两个方面。一是原发危害，包括直接和间接危害。辐射直接作用于 DNA、核蛋白和酶类，使其发生电离、激发或化学键断裂，而引起分子变性和结构破坏；间接作用于水分子发生电离或激发，产生大量具有强氧化性的自由基，引起变性代谢紊乱产生大量毒素，破坏细胞组织，最终导致人体的一系列病变。二是继发危害，在原发危害的基础上，染色体发生畸变，基因移位或脱失，从而导致细胞核分裂抑制，产生病理性核分离或形成巨型细胞等，使酶失去活性，也引起广泛的组织细胞变化，使受辐射的人群易发生癌变和患上白血病。

酶法多肽具有抗辐射的作用，可减轻放射损伤，阻止血红蛋白和白细胞的减少，减轻核酸代谢障碍，保护造血器官，增加白细胞、血小板和血红细胞，清除放射性锶。所以它对处在放射性环境中的人群具有很好的保护作用。

三、酶法多肽的合成

酶法多肽合成的重要原料——酶。酶法多肽是蛋白质工程、酶工程和生物工程三项技术结合而制造出的高科技产品。酶法多肽，首先提到的是酶。什么是酶？

（1）酶是一种具有特异活性，有催化特性的蛋白质。凡有生命的地方都有酶或都需要酶。酶和生命活动密切相关，它几乎参与了所有的生命活动和生命过程。

（2）酶是一种催化剂，而且是一种特殊的催化剂。酶和酸、碱或有机催化剂相比，其特点如下。①酶是高效催化剂。一是能在温和条件下，如常温、常压和中性pH值条件下，大大加速反应；二是在可比较的情况下，其催化效率较其他类型催化剂高 $10^7 \sim 10^{13}$ 倍。②酶具有高的作用专一性。一种酶只能催化某一种或某一类反应，作用某一种或某一类物质。③酶的化学本质是蛋白质。

（3）酶是生物催化剂。也就是说，它具有以下特点。①所有的酶都是生物体产生的。②酶和生命活动密切相关。酶参与了生物体内所有的生命活动和生命过程，它能消除有害物质，起保护作用，它能协同激素等生理活性物质在体内发挥信号转换传递和放大作用，调节生理过程和生命活动，它还能催化代谢反应，建立各种各样的代谢途径和代谢体系。③酶的组成和分布是生物进化与组织功能分化的基础。④酶能在各种水平上进行调节以适应生命活动的需要。

酶法，也称为酶解或蛋白质的酶法改性。酶解蛋白质所用的酶，大都是肽酶类。肽酶是分布极广的一类酶，分为动物蛋白酶和植物蛋白酶。动物蛋白酶通常以无活性的酶原状态存在，在生理活动需要时再活化，活化过程往往是借助其他蛋白水解酶或本身的作用，切除一部分肽键而完成的；植物蛋白酶，如木瓜、菠萝和无花果蛋白酶，它们在细胞可溶性蛋白中占很大比例，纯度相当高。

肽酶的作用方式可分为端（解）肽酶和内（切）肽酶，前者从肽链游离的羟基端或游离的氨基端切下末端氨基酸；后者切断蛋白质分子内部肽键，使蛋白质大分子变成小分子活性多肽。肽酶的适宜 pH 环境可分成中性、碱性和酸性。肽酶除能水解肽键外也作用于酯键、酰胺键，甚至还能催化转肽以及肽链的合成。

（一）胰酶法生产多肽

以前，科学家在实验室及实验工厂用此法较多。目前国内多肽产业风起云涌，出现"多肽热"，很多人纷纷进入肽领域，绝大多数的厂家都是用胰酶催化蛋白质生产肽。在所有的酶产品中，胰酶性烈，若掌握控制不好，催化食物蛋白技术不过关，则很难生产出性能稳定的产品。用胰酶生产肽，除了生产出的肽质量较差以外，也有一定的污染，主要是废气、废水污染。

（二）细菌酶法生产多肽

此酶法与胰酶法类似，若没有多年的研究功底和成熟的配方技术，则生产出来的肽的相对分子质量、氨基酸组成、肽的活性等都较逊色。

（三）混合酶法生产多肽

这种酶不是由生产肽的企业配制，而是由生产酶制剂的厂家配置。这种酶可能只适应一两种蛋白质催化，而不能适应多种动植物蛋白的催化。因为每种动植物蛋白中都有各自不同的分子结构和相对分子质量段，所以必须根据各种不同的蛋白质，配制各种不同的酶，使它达到最佳催化度。

（四）植物蛋白酶法生产多肽

根据不同的蛋白质，用个性配方的复合或单体酶催化蛋白质是目前全世界生物学家、化学家、医学家等研究的重要课题；也是当今蛋白质降解、人工合成多肽的前沿技术。这个技术研究生产的代表是中国武汉九生堂生物工程有限公司。他们运用这一技术，将大豆分离蛋白降解（催化）成相对分子质量段分布在 813 Da~170 Da 之间的活性寡肽，创造了世界肽科学的奇迹。这种大豆寡肽被称为多肽中的"皇冠"。新华社、新华网、《光明日报》、光明网、《中国化工报》《中国食品报》等 2 000 多家媒体都对此有过报道。2004 年，中国保健行业协会将其列为中国保健行业重大事件。植物蛋白质酶法降解的肽是口服液（也可称为食品），而不是针剂，它是从食物蛋白质酶切出来的，而不是转基因得来或从血液中提取出来的，从活性和功能多样性来看，都优于基因表达和化学合成的肽。

总之，世界科技的目光已将蛋白质合成转为蛋白质降解（2004 年，诺贝尔化学奖授予了发现人体细胞内蛋白质降解机制的两位以色列科学家和一位美国科学家）。蛋白质降解、生物酶催化已成为世界科技的热点和重点。

四、酶法多肽合成的特点及优势

目前世界上人工合成多肽的技术有十多种，如固相合成法、液相合成法、微生物发酵法、酸解法、碱解法、电泳法、动物脑腺分离法、植物提取法、克隆法、基因法等。但在工艺技术方面这些合成工艺方法的局限性，是导致其无法工业生产的主要原因。

而酶法在传统方法的基础上有所突破和创新，采用多种酶法技术，如用胰酶、细菌蛋白酶、枯草蛋白酶、淀粉酶、无花果蛋白酶、菠萝蛋白酶、木瓜蛋白酶、香蕉蛋白酶等酶催化（降解、水解、分解、酶切）蛋白质。既有单酶催化，也有多酶催化。实践中可根据蛋白质的不同性质和分子结构，分别采取单酶或多酶配方，对蛋白质进行有效、彻底的催化，获得品质好、肽分子链小、氨基酸组成合理、功效稳定、质量可靠的小分子活性多肽（相对分子质量大都在 1 000 Da 以下）。同时酶法获得的多肽具有极强的活性和多样性，具有重要的生物学功能，最易被人体吸收，可参与人体生理过程，参与人体的神经、激素内分泌系统和循环系统，对人体健康起着重要的作用。

酶法多肽模拟人体合成多肽模式，用生物酶催化蛋白质获得多肽，适应了低碳经济和绿色环保的要求，较酸法、碱法、电法温和、环保。生产工艺简单，投资少、见效快，适宜工业化生产。

肽酶酶解蛋白质往往是在温和的条件下进行的，它的主要优势如下。

（1）酶解不减少蛋白质营养价值。

（2）可增加原食品蛋白质所不具备的营养特性。

（3）可保持多肽营养纯天然绿色属性，不含任何化学物质。

（4）酶解出来的多肽，没有任何苦味和异味。

（5）酶解出的多肽不会引起过敏。

（6）改善原食品蛋白质的一些过敏原，并可增加原食品蛋白质没有的重要的生物学功能。

（7）可有效控制多肽的相对分子质量段。

第三节　合成多肽的检测验证

由氨基酸组成的多肽数目惊人，情况十分复杂，由 100 个氨基酸聚合成线形分子，可能形成 20 100 种多肽。仅由 Gly、Val、Leu 三种氨基酸就可组成六种三肽。因此，多肽结构的确定，尤其是长链多肽结构的确定是一个相当重要也相当复杂的工作。纯的、单一的多肽，是保证肽结构确证的前提条件。

一、多肽的结构分析方法

（一）质谱

经典的多肽测序方法包括 N 末端序列测定的化学方法，如 Edman 法、C 末端酶解方法及 C 末端化学降解法等，这些方法都存在一定缺陷。例如作为多肽和蛋白质序列测定标准方法的 N 末端氨基酸苯异硫氨酸酶（phenyl-isothiocyanate，PITC）分析法（即 Edman 法，又称 PTH 法），测序速度较慢（每天 50 个氨基酸残基）；样品用量较大；对样品纯度要求很高；对修饰氨基酸残基往往会产生错误识别，而对 N 末端保护的肽链则无法测序。C 末端化学降解测序法则由于无法找到 PITC 这样理想的化学探针，仍面临着很大的困难。在这种背景下，质谱（mass-spectrometry，MS）由于具有较高的灵敏度、准确性、易操作性而备受关注。

MS 用于多肽序列测定时，灵敏度及准确性随相对分子质量增大而明显降低，所以采用 MS 进行多肽序列分析比蛋白质简单，许多研究均是以多肽作为分析对象。近年来随着电喷雾电离质谱（electro-spray-ionisation，ESI）及基质辅助激光解吸质谱（matrix-assisted-laser-desorption/ionization，MALDI）等质谱软电离技术的发展与完善，使极性大分子多肽的分析成为可能，已成为测定生物大分子尤其是蛋白质、多肽相对分子质量和一级结构的有效工具。

（二）核磁共振

由于信号的纯数字化、重叠范围过宽（由于相对分子质量太大）和信号弱等，核磁共振（nuclear-magnetic-resonance，NMR）图谱在多肽的分析中应用较少。随着二维、三维以及四维 NMR 的应用，分子生物学、计算机处理技术的发展，NMR 才逐渐成为多肽分析的主要方法之一。NMR 可用于确定氨基酸序列及定量混合物中的各组分含量等，但应用于多肽分析中仍有许多问题需要解决，例如，如何使相对分子质量大的多肽有特定的形状而便于定量与定性分析，如何缩短数据处理的时间等。这些问题均有不少学者在进行研究。NMR 在分析含少于 30 个氨基酸的多肽时比较有效。

最近的超高场超导磁铁的建造已将 NMR 研究的分子质量范围扩展到 100 kDa 以上。如此大的蛋白质分子，其 NMR 谱常遇到谱带增宽的问题，Wuthrich 等研究的横向弛豫优化光谱法（transversal-relaxation-optimized-spectroscopy，TRDSY）为此提供了解决方法。

（三）红外光谱

红外光谱是鉴定有机化合物结构的重要方法，具有样品用量小和不需要高纯晶体等特点。用红外光谱法研究多肽等的结构、构象，能反映与正常生理条件（水溶液、温度、酸碱性等）相似的情况下的生物大分子的结构变化信息，这是用其他方法难以做到的。

用傅里叶变换红外光谱方法研究蛋白质和多肽二级结构，主要是对红外光谱中的酰胺 I 谱带（氘代后，称酰胺 I'谱带）进行分析。酰胺 I 谱带为 α-螺旋、β-折叠、无规则卷曲和转角等不同结构振动峰的加合带，彼此重叠，在 1 620~1 700 cm^{-1} 范围内通常为一个不易分辨的宽谱带。目前常应用去卷积、微分等数学方法，对加合带中处于不同波数的各个吸收峰进行分辨，最后经谱带拟合，获得各个吸收峰的定量信息。

红外光谱可用于监测酰胺质子的交换速率。暴露于表面的质子比处于中心的质子 H/D 交换要快得多。内部伸缩区或参与二级结构形成的酰胺质子交换速率为中等。它可以提供多肽或蛋白质的所有氨基酸残基的信息。

（四）紫外光谱

在研究生物大分子的溶液构象时，紫外－可见吸收光谱是十分重要的方法。它对测定样品没有特殊要求，只需处于溶液状态即可，因此紫外光谱在探索生物大分子结构与功能的关系方面可获得有意义的信息：蛋白质在紫外光范围内（250~300 nm）

的光吸收主要是由于芳香族氨基酸 Trp 及 Tyr，其次是 Phe 和 His 的电子激发引起的。

（五）图二色谱

多肽多为手性分子，实验室主要采用圆二色谱（circular-dichroism-spectra，CD）研究分子的立体结构、反应动力学及在溶液中的构象变化等。CD 谱具有 UV 分析相同的精密度，但比 UV 的灵敏度高，而且在 UV 谱中的重叠的峰在 CD 谱中也有可能分开。

CD 的测定通常是分子椭圆度[θ]的测定，它表示该物质由于分子的光学不对称性而对左、右图偏振光有不同程度的吸收。根据 Cotton 效应，[θ]值只在吸收峰有较大的值，并且与吸收峰波长位置相对应，而多肽的紫外吸收光谱主要有两个吸收峰，在 280 nm 处的吸收峰由芳香族侧链引起。但在波长约低于 230 nm 时，不但有其他氨基酸侧链的电子跃迁，还有肽链骨架本身电子位移的跃迁所引起的吸收，因而通过对这二区域的 CD 研究可以分析多肽主链的构象。

（六）X 射线晶体学

X 射线晶体学方法是迄今为止研究蛋白质结构最有效的方法，所能达到的精度是任何其他方法所不能比拟的。其缺点是蛋白质/多肽的晶体难以培养，晶体结构测定的周期较长。X 射线衍射技术能够精确测定原子在晶体中的空间位置；中子衍射和电子衍射技术则用于弥补 X 射线衍射技术的不足。生物大分子单晶体的中子衍射技术用于测定生物大分子中氢原子的位置；纤维状生物大分子的 X 射线衍射技术用于测定这类大分子的一些周期性结构，如螺旋结构等；电子显微镜技术能够测定生物大分子的大小、形状及亚基排列的二维图像；它与光学衍射和滤波技术结合而成的三维重构技术能够直接显示生物大分子低分辨率的三维结构。

除上述方法之外，场解析质谱、生物鉴定法、放射性同位素标记法及免疫学方法等都已应用于多肽类物质的结构鉴定、分析检测之中。

二、多肽的一级结构确证

多肽的一级结构是指肽链中氨基酸的种类、数量及序列。一级结构的测定主要是了解组成多肽的氨基酸种类、各种氨基酸的相对比例并确定氨基酸的排列顺序。

（一）氨基酸定性及定量分析

已经纯化的多肽的氨基酸组成可以进行定量测定。首先通过酸水解破坏多肽的肽键，典型的酸水解条件是：真空条件，110 ℃下用 6 mol/L 盐酸水解 16~72 h。然后将水解的混合物（水解液）进行柱层析，通过柱层析可以将水解液中的每一个氨基酸分离出来并进行定量，这一过程称为氨基酸分析（amino-acid-analysis）。其分析流程如图 6-1 所示。

多肽 $\xrightarrow[\text{H}_2\text{O}]{\text{HCl}}$ 氨基酸 $\xrightarrow{\text{层析法分离}}$ 各种氨基酸 $\longrightarrow$ 各种氨基酸含量

图 6-1　氨基酸定量分析流程图

肽酶混合物也可用于完全水解肽。在酸性水解条件下，多肽溶于 6 mol/L 盐酸并密封在真空管中以最大限度地减少特殊氨基酸的水解。Trp、Cys 和 Pro 对氧尤为敏感，为完全游离脂肪氨基酸，有时需要长达 100 h 的水解时间。但在如此强烈的条件下，含羟基的氨基酸（Ser、Thr 和 Tyr）会部分降解，大部分 Trp 被降解。而且Gln 和 Asn 会转化为 Glu 和 Asp 的氨盐，因此只能确定各混合氨基酸的含量。Trp在碱性水解时大部分不会被破坏，但会引起 Ser 和 Trp 的部分分解，Arg 和 Cys 也可能被破坏。从灰色链霉菌得到的相对非专一性的肽酶混合物链霉蛋白酶常用于酶解。但肽酶的用量不应超过被水解多肽重量的 1%，否则，酶自身降解的副产物可能污染终产物。

（二）端基分析

1.N 端氨基酸分析

1）苯异硫氨酸酶（PITC）法 – 艾得曼（Edman）降解法

在测定 N 端氨基酸的方法中，Edman 降解法是最通用的途径。本方法的特点是：除多肽 N 端的氨基酸外，其余氨基酸会保留下来，可连续不断地测定其 N 端氨基酸。

多肽与 PITC 反应时，N 端氨基对试剂进行亲核性进攻，生成多肽的苯基氨酰衍生物。该试剂用酸处理时，分子内键断裂，生成 N 端氨基酸的衍生物，多肽的其余部分完整保留。利用色谱分析即可确定 N 端残基。依次循环，可不断地确定新的 N 端氨基酸，直至所有的氨基酸被测定。蛋白质测序仪即是基于这种原理设计的，如图

6-2所示。

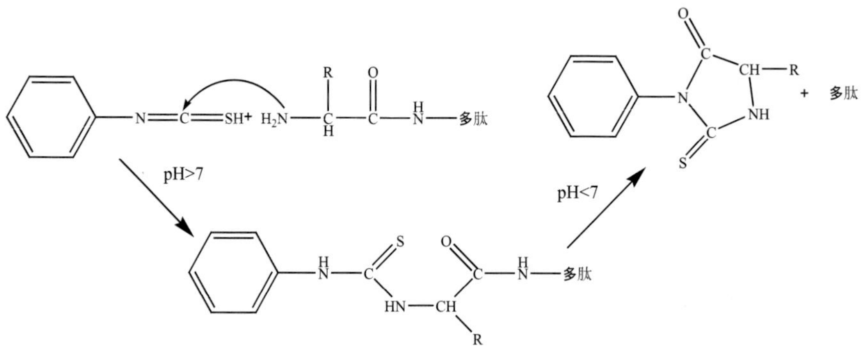

图 6-2　艾德曼（Edman）法流程图

2）2，4-二硝基氯苯法——桑格尔（Sanger）法

除 Edman 降解法以外，最常用是 Sanger 法。Sanger 于 1945 年发明了这种试剂，并用来测定蛋白质的结构，1955 年报道了其在胰岛素的结构测定中的应用，由于这一贡献，他荣获了 1958 年的诺贝尔化学奖。在 Sanger 法中，2，4—二硝基氯苯与氨基酸 N 端氨基反应后，分离出 2，4—二硝基苯基氨基酸，用色谱法分析，即可确定 N 端氨基酸。但用该方法测定时所有的肽键都会被水解·无法按顺序依次测定。该方法流程如图 6-3 所示。

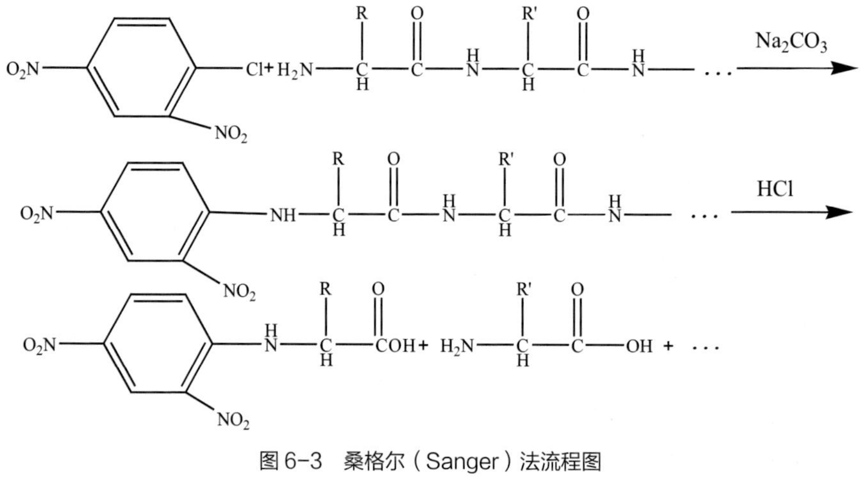

图 6-3　桑格尔（Sanger）法流程图

3）丹磺酰氯法

该方法采用丹磺酰氯酰化多肽的 N 端氨基；水解多肽衍生物中的酰胺键，可以

不破坏 N 端氨基与试剂生成的键；用色谱分析即可确定 N 端氨基酸。该方法同
Sanger 法一样，为了测定一个端基，必须破坏所有肽键。

2. C 端氨基酸分析

1）多肽与肼反应

所有的肽键（酰胺）都与肼反应而断裂成酰肼，只有 C 端的氨基酸有游离的羧
基，不会与肼反应生成酰肼。换言之与肼反应后仍具有游离羧基的氨基酸就是多肽的
C 端氨基酸。因此可用于 C 端氨基酸测定。

2）羧肽酶水解法

在羧肽酶催化下，多肽链中只有 C 端的氨基酸能逐个断裂下来，然后可以进行
氨基酸测定。该方法的不利之处在于，酶会不停地催化水解，直到肽键完全水解为组
分氨基酸。与 Edman 降解法不同，虽然该法可以完成小肽的分析，但是每步不易
控制。

（三）肽链的选择性断裂及鉴定

上述测定多肽结构顺序的方法，不适用于相对分子质量大的多肽。大分子多肽的
序列测定，需将多肽用不同的蛋白酶进行部分水解，使之生成二肽、三肽等碎片，再
用端基分析法分析各碎片的结构，最后比较各碎片的排列顺序进行合并，推断出多肽
的氨基酸序列。

胰蛋白酶在 Lys 和 Arg 肽键的羧基端裂解，因此获得 C 端为 Lys 或 Arg 的片
段。当用柠康酐和三氟乙酸乙酯作为保护基时，经吗啉或非常温和的酸处理即可使
Lys 侧链游离出来，用于第二次胰蛋白酶酶解。另外，Cys 可被 β-卤代胺，如 2 -
溴乙胺烷基化，得到带正电荷的残基可用于胰蛋白酶裂解。

与胰蛋白酶不同，凝血酶更具专一性，只能裂解有限的 Arg 肽键。但有时水解
很慢而导致底物不完全降解。从厌氧菌溶梭状芽孢杆菌提取的梭菌蛋白酶能选择性水
解 Arg 肽键，而水解 Lys 肽键的速度很慢。从金黄色葡萄球菌提取的 V8 蛋白酶可
高度专一性水解 Glu 肽键，因此，被广泛应用于序列分析。专一性较低的蛋白酶降解
可得到另一些 C 端含芳香性或脂溶性氨基酸的碎片。一般而言，小肽片段太多不利
于大分子多肽一级结构的确定。其他专一性的内肽酶，如木瓜蛋白酶、枯草溶菌素或
胃蛋白酶也是如此，但这些酶在分离侧链含二硫键、磷酸丝氨酸或糖基的肽片段方面
具有重要作用。

对于选择性化学裂解，BrCN 和 N-溴代丁二酰亚胺是通用的优选试剂。用 BrCN 在酸性条件下（0.1 mol/L 盐酸或 70%甲酸）处理能使蛋白质变性，并促使 Met 形成一个肽基高丝氨酸内酯，释放氨酸基肽。

（四）二硫键的裂解

二硫键的定位通常在氨基酸序列分析的最后一步进行。分离二硫键连接的肽链需要对二硫键进行裂解，但同时也会破坏二硫键所稳定的多肽的构象。多肽的水解应在二硫键交换最少的条件下进行。还原或氧化可裂解分子间或分子内二硫键。

用过甲酸氧化能将所有 Cys 残基氧化为磺基丙氨酸。因为磺基丙氨酸在酸碱条件下都稳定，因此可用来定量 Cys 残基的数量。但 Met 残基氧化为蛋氨酸亚砜和砜，以及 Trp 侧链的部分降解是这一方法的最大弱点。使二硫键还原、断裂常用过量的硫醇如 2-疏基乙醇，1，4-二硫赤藓糖醇（cleland 试剂）处理，产生的游离硫醇基通过碘乙酸的烷基化作用封闭以阻止其在空气中再次氧化。

三、合成多肽的纯度检查

多肽纯度检查通常采用反相高效液相色谱（RP-HPLC），后来毛细管电泳（CE）也逐渐成为多肽药物分析的通用工具。由于分离机制不同，毛细管区带电泳（CZE）被认为是 RP-HPLC 的良好补充。CZE 是根据多肽片段的质荷比对其进行分离，而 RP-HPLC 是根据多肽的疏水性差异进行分离。疏水性差异小不能用 RP-HPLC 分离的多肽，可以根据质荷比的不同，用 CZE 分离。因此，在 RP-HPLC 中显示比较纯的多肽峰，在 CZE 中往往会出现多重峰，而且，CZE 仅需要极少量样品即可进行检测。因此，几乎所有的样品都可以用于后续的序列分析。

四、合成多肽生物学效价的测定

一般的合成短肽结构简单，没有空间构象的影响，可以不设活性效价检测项目。也有些合成多肽具有可测定的生物学或免疫学特性。在某些情况下，效价测定可能是对稳定性评价的一个较好的指标，也可采用与稳定性相关性更好的新分析方法。

附录

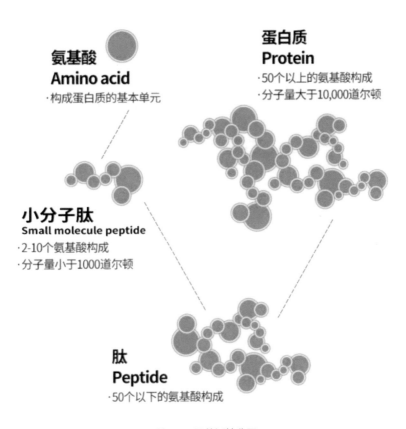

氨基酸
Amino acid
·构成蛋白质的基本单元

蛋白质
Protein
·50个以上的氨基酸构成
·分子量大于10,000道尔顿

小分子肽
Small molecule peptide
·2-10个氨基酸构成
·分子量小于1000道尔顿

肽
Peptide
·50个以下的氨基酸构成

图 1　不同的活性分子

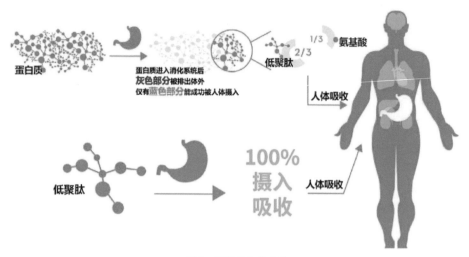

图 2　活性分子的吸收

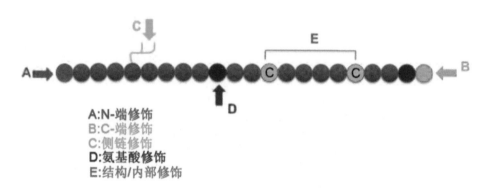

A:N-端修饰
B:C-端修饰
C:侧链修饰
D:氨基酸修饰
E:结构/内部修饰

图 3　多肽的修饰位点

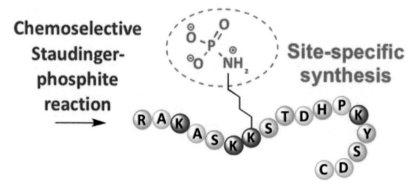

图 4　多肽的磷酸化修饰

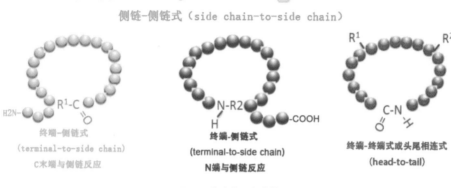

图 5　多肽的环化修饰

图 6　多肽类产品生产装置

图 7　多肽类产品离心分离装置

图 8　多肽类产品纯化装置

图 9 多肽类产品生产过程

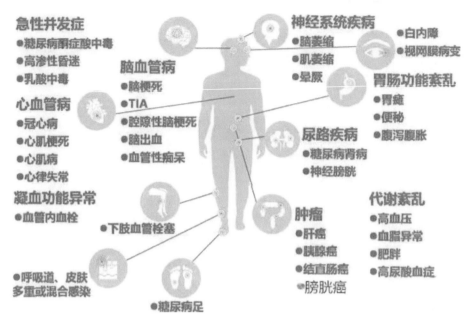

图 10　糖尿病可能诱发的并发症

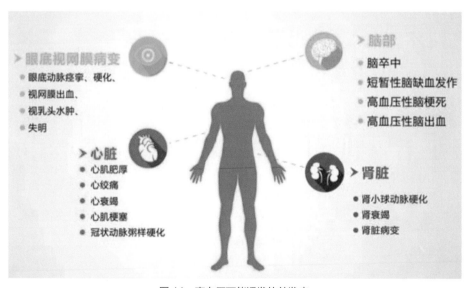

图 11　高血压可能诱发的并发症

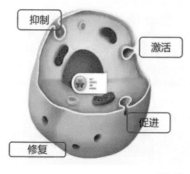

- **抑制**——抑制细胞病变，提高人体免疫力。
- **激活**——激活细胞活性，有效清除对人体有害的自由基。
- **修复**——修复受损变性细胞，维护细胞结构与功能正常，防止细胞病变。
- **促进**——促进维持细胞的新陈代谢，保证器官功能正常。

图 12　多肽对细胞的多重作用

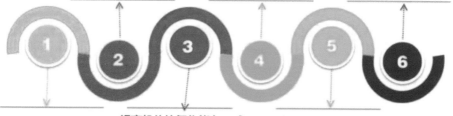

图 13　多肽类药物对糖尿病的作用机制

多肽蛋白

Polypeptide protein

赋活修护受损肌底　减少细纹
提拉肌肤松弛部位　滋润美肤

水解丝胶蛋白

Hydrolyzed sericin

丝胶蛋白能维持肌肤水分
使皮肤光滑柔软、富有弹性

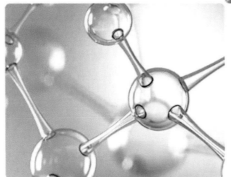

透明质酸钠

Sodium hyaluronate

持续补水保湿　平滑角质层
温和你的肌肤

图 14　几种多肽在化妆品中的应用